Amtliche Mitteilungen

aus der

Abteilung für Forsten

des

Preußischen Ministeriums für Landwirtschaft,

Domänen und Forsten.

1926.

Springer-Verlag Berlin Heidelberg GmbH 1928

ISBN 978-3-662-38691-0   ISBN 978-3-662-39565-3 (eBook)
DOI 10.1007/978-3-662-39565-3

Vorbemerkung.

Die nachstehenden Tafeln schließen sich an die Tabellen der dritten Auflage des Werkes

„von Hagen, die forstlichen Verhältnisse Preußens"

bearbeitet von Donner, und die weiteren „Amtlichen Mitteilungen" an. Die nachstehenden Tafeln haben dieselben Zahlen erhalten wie die Tabellen jenes Werkes.

Inhaltsverzeichnis.

Statistische Tafeln.

		Seite
8b.	Nachweisung des durchschnittlichen Verwertungspreises für ein Festmeter Holz im Rechnungsjahre und Forstwirtschaftsjahre 1926	6
9c.	Nachweisung der Durchschnittspreise einiger Holzsortimente im Rechnungsjahre und Forstwirtschaftsjahre 1926	8
9d.	Zusammenstellung der im Forstwirtschaftsjahre 1926 in den Abtriebsschlägen verschiedenen Alters je Festmeter Derbholz erzielten erntekostenfreien Verkaufserlöse	12
11b.	Zusammenstellung der in Preußen im Rechnungsjahre 1926 ausgegebenen Jagdscheine	21
18b.	Zusammenstellung der in den Staatsforsten beim Forst- und Jagdschutze vorgekommenen Tötungen und Verwundungen in den Forstwirtschaftsjahren 1923 bis 1927	21
19b.	Nachweisung der Forst-, Jagd- und Fischereifrevel in den Staatsforsten im Kalenderjahre 1926	22
34a.	Nachweisung über den Wildabschuß und die Erträge aus der Jagd im Rechnungsjahre 1926	24
37c.	Nachweisung des Holzertrages der Staatsforsten im Forstwirtschaftsjahre 1926	26
38b.	Übersicht des Holzertrages und des Sortenverhältnisses in den Staatsforsten für die Forstwirtschaftsjahre 1924 bis 1926	28
45a.	Übersicht des Geldertrages aus der Holznutzung in den einzelnen Regierungsbezirken für das Hektar der zur Holzzucht bestimmten Fläche in den Rechnungsjahren 1924 bis 1926	29
46b.	Hauptübersicht der Ist-Einnahmen und -Ausgaben der Staatsforstverwaltung im Rechnungsjahre und Forstwirtschaftsjahre 1926	30

		Seite
46c.	Nachweisung der Einnahmen und Ausgaben der Staatsforstverwaltung im Rechnungsjahre und Forstwirtschaftsjahre 1926	40
46d.	Nachweisung über die Reinerträge der Staatsforsten im Rechnungsjahre 1926	42
47.	Gegenüberstellung der Einnahmen und Ausgaben für Torfgräbereien der Staatsforstverwaltung in den Rechnungsjahren 1924 bis 1926.	43
49.	Übersicht über die auf 1 ha der Gesamtfläche entfallenden dauernden Ausgaben der Staatsforstverwaltung in den Rechnungsjahren 1924 bis 1926.	43
52a.	Nachweisung der während des Kalenderjahres 1926 vorgekommenen erheblicheren Brände in den Staatswaldungen und der hierdurch vernichteten Holzbestände	44
56b.c.	Nachweisung über die Zahl der Studierenden der Forstlichen Hochschulen in Eberswalde und Münden vom Sommerhalbjahr 1926 ab bis zum Winterhalbjahr 1927/28	44
58.	Nachweisung der verausgabten Kultur- und Verkehrswegebaugelder für das Rechnungsjahr und Forstwirtschaftsjahr 1926	45
59.	Nachweisung über die Arbeiter der Staatsforstverwaltung für das Rechnungsjahr und Forstwirtschaftsjahr 1926	50
60.	Nachweisung der aus dem Forstbaufonds zu unterhaltenden Gebäude nach dem Stande vom 1. Oktober 1927	53

Statistische Tafeln.

Tafel
Nachweisung des durchschnittlichen Verwertungspreises für 1 Fest-

Laufende Nummer	Regierungsbezirk	Verwertete Holzmasse							Gelderttrag	
		Bau- und Nutzholz einschl. Nutzrinde			Brennholz einschl. Brennrinde			im ganzen (Spalten 5 + 8)	Bau- und Nutzholz einschl. Nutzrinde	
		aus dem Bestande des Vorjahrs	aus dem Einschlage d. letzten abgeschlossenen Jahres	Zusammen (Spalten 3 + 4)	aus dem Bestande des Vorjahrs	aus dem Einschlage d. letzten abgeschlossenen Jahres	Zusammen (Spalten 6 + 7)		Für das Holz in den Spalten 3 und 4 soll zur Kasse gelangen	Verwertungspreis für 1 fm
		Festmeter							RM	RM / Rpf
1	2	3	4	5	6	7	8	9	10	11
1	Königsberg m. Marienwerder	80	170701	170781	773	270836	271609	442390	2557977	14 | 98
2	Gumbinnen	12	171806	171818	582	303580	304162	475980	2337659	13 | 61
3	Allenstein	712	401533	402245	42317	274927	317244	719489	6321158	15 | 71
4	Schneidemühl	*)1202	411372	412574	*)4231	217966	222197	634771	3773360	9 | 15
5	Potsdam	2782	534524	537306	4337	508593	512930	1050236	8182889	15 | 23
6	Frankfurt a. d. O.	*)416515	939971	1356486	*)38306	441792	480098	1836584	11519334	8 | 49
7	Stettin	*)44362	346348	390710	*)14638	266540	281178	671888	5067671	12 | 97
8	Köslin	*)578	119589	120167	*)12063	153545	165608	285775	1786131	14 | 86
9	Stralsund	204	55453	55657	*)284	75015	75299	130956	897764	16 | 13
10	Breslau m. Liegnitz	*)17568	223952	241520	*)2570	147792	150362	391882	4618342	19 | 12
11	Oppeln	*)73	162741	162814	*)3194	87077	90271	253085	2631034	16 | 16
12	Magdeburg	.	129762	129762	17	108822	108839	238601	2404329	18 | 53
13	Merseburg	*)102	198599	198701	1	180809	180810	379511	4259808	21 | 44
14	Erfurt	*)40	152571	152611	*)68	101367	101435	254046	3360326	22 | 02
15	Schleswig	.	70697	70697	.	99331	99331	170028	1291930	18 | 27
16	Hannover m. Osnabrück	*)21	126526	126547	*)81	72151	72232	198779	2398540	18 | 95
17	Hildesheim	82	359023	359105	2372	273686	276058	635163	7401817	20 | 61
18	Lüneburg	*)564	180652	181216	.	94990	94990	276206	2708520	14 | 95
19	Stade m. Aurich	2	65818	65820	145	21286	21431	87251	1204699	18 | 30
20	Minden m. Münster	.	135087	135087	.	93145	93145	228232	2569217	19 | 02
21	Arnsberg	58	77551	77609	.	38407	38407	116016	1328627	17 | 12
22	Kassel	138	476147	476285	*)296	629264	629560	1105845	8117996	17 | 04
23	Wiesbaden	*)1	98331	98332	*)176	161561	161737	260069	1760774	17 | 91
24	Koblenz	6	82879	82885	.	62546	62546	145431	1360879	16 | 42
25	Düsseldorf	.	29827	29827	.	18472	18472	48299	601389	20 | 16
26	Köln	.	31754	31754	.	13594	13594	45348	550063	17 | 32
27	Trier	*)152	78165	78317	175	81357	81532	159849	1278728	16 | 33
28	Aachen	281	55292	55573	107	21295	21402	76975	1019286	18 | 34
	Zusammen 1926:	485535	5886671	6372206	126733	4819746	4946479	11318685	93310247	14 | 64
	1925:	31777	6727038	6758815	21738	4492869	4514607	11273422	132346384	19 | 58
	1924:	23208	5928277	5951485	2673	4999998	5002671	10954156	137100152	23 | 03

*) Die Abweichungen der Angaben in den Spalten 3 und 6 von denen der Spalten 21 und 22 der Nachweisung für 1925 beruhen

8 b.

meter Holz im Rechnungsjahre und Forstwirtschaftsjahre 1926.

für Holz		im ganzen (Spalten 10+12)		Gesamt-verwertungs-preis für 1 fm (Bau-, Nutz- und Brennholz, zusammen) 14:9	Von der Holzmasse in Spalte 9 sind		Holz-werbungs-kosten (Titel 16 abzüglich etwaiger Werbungs-kosten für Neben-nutzungen)	Der Verwertungs-preis für 1 fm Derbholz beträgt, wenn der Erlös für Stockholz und Reisig mitgerechnet wird,				Von dem Ein-schlage des letzten abgeschlossenen Jahres sind unverwertet geblieben		Bemerkungen
Brennholz einschl. Brennrinde								einschl. (14:16)		ausschl. [(14—18):16]		Bau- und Nutz-holz	Brenn-holz	
Für das Holz in den Spal-ten 6 und 7 soll zur Kasse gelangen	Ver-wertungs-preis für 1 fm				Derbholz	Nicht-derbholz		der Werbungskosten						
RM	RM | Rpf	RM	RM | Rpf		fm	fm	RM	RM | Rpf		RM | Rpf		fm	fm	
12	13	14	15		16	17	18	19		20		21	22	23
1 700 446	6	26	4 258 423	9	63	378 115	64 275	1 345 202	11	26	7	70	438	1 353	
1 824 692	6	.	4 162 351	8	74	427 074	48 906	1 419 385	9	75	6	42	28	275	
1 713 606	5	40	8 034 764	11	17	620 391	99 098	1 873 701	12	95	9	93	1 659	7 647	
1 094 230	4	92	4 867 590	7	67	548 227	86 544	2 019 476	8	88	5	20	12	18 027	
3 566 215	6	95	11 749 104	11	19	958 352	91 884	2 757 251	12	26	9	38	53	2 962	
2 542 147	5	30	14 061 481	7	66	1 746 298	90 286	4 587 088	8	05	5	43	29 282	12 386	
1 711 678	6	09	6 779 349	10	09	618 210	53 678	1 370 665	10	97	8	75	9 121	5 254	
1 199 774	7	24	2 985 905	10	45	239 079	46 696	977 587	12	49	8	40	14	24 125	
540 830	7	18	1 438 594	10	99	118 541	12 415	404 925	12	14	8	72	2	236	
1 133 514	7	54	5 751 856	14	68	357 935	33 947	1 906 508	16	07	10	74	.	349	
714 816	7	92	3 345 850	13	22	233 792	19 293	768 706	14	31	11	02	.	.	
748 857	6	88	3 153 186	13	22	199 680	38 921	635 242	15	79	12	61	3	493	
1 365 841	7	55	5 625 649	14	82	317 309	62 202	1 014 181	17	73	14	53	54	218	
1 031 796	10	17	4 392 122	17	29	217 779	36 267	880 738	20	17	16	12	106	32	
788 460	7	94	2 080 390	12	24	135 408	34 620	513 132	15	36	11	57	.	8	
610 725	8	46	3 009 265	15	14	176 603	22 176	636 037	17	04	13	44	15	633	
2 143 955	7	77	9 545 772	15	03	561 788	73 375	2 525 448	16	99	12	50	266	2 811	
683 037	7	19	3 391 557	12	28	248 198	28 008	809 386	13	66	10	40	*).	.	
150 432	7	02	1 355 131	15	53	78 196	9 055	262 621	17	33	13	97	158	46	
648 269	6	96	3 217 486	14	10	194 437	33 795	768 587	16	55	12	59	1	432	
280 790	7	31	1 609 417	13	87	105 267	10 749	285 794	15	29	12	57	.	7	
3 665 051	5	82	11 783 047	10	66	850 035	255 810	3 752 472	13	86	9	45	159	242	
1 552 982	9	60	3 313 756	12	74	217 740	42 329	973 910	15	22	10	75	61	.	
550 292	8	80	1 911 171	13	14	122 547	22 884	508 254	15	60	11	45	6	.	
128 317	6	95	729 706	15	11	41 344	6 955	139 436	17	65	14	28	.	.	
76 679	5	64	626 742	13	82	40 762	4 586	135 388	15	38	12	05	.	.	
876 975	10	76	2 155 703	13	49	144 756	15 093	539 142	14	89	11	17	189	.	
146 340	6	84	1 165 626	15	14	67 810	9 165	260 021	17	19	13	36	126	58	
33 190 746	6	71	126 500 993	11	18	9 965 673	1 353 012	34 070 283	12	69	9	27	41 753	77 594	
33 973 431	7	53	166 319 815	14	75	9 842 606	1 430 816	31 714 492	16	90	13	68	484 411	136 859	
38 057 125	7	59	175 157 277	15	99	9 384 940	1 569 216	20 723 594	18	66	16	46	22 379	19 425	

*) Anmerkung zu Spalte 21 (Lüneburg): 15 fm Bau- und Nutzholz sind noch aus dem Forstwirtschaftsjahre 1925 unverwertet geblieben.

Tafel
Nachweisung der Durchschnittspreise einiger Holzsortimente

		Stammholz (Langholz und Abschnitte)											
		Eichen						Rotbuchen					
		Klasse 3 (30—39 cm Mittendurchmesser)			Klasse 4 (40—49 cm Mittendurchmesser)			Klasse 3 (30—39 cm Mittendurchmesser)			Klasse 4 (40—49 cm Mittendurchmesser)		
		Es sind versteigert	Erlös		Es sind versteigert	Erlös		Es sind versteigert	Erlös		Es sind versteigert	Erlös	
Laufende Nummer	Regierungsbezirk	fm	im ganzen ℛℳ	für 1 fm ℛℳ | ℛ₰	fm	im ganzen ℛℳ	für 1 fm ℛℳ | ℛ₰	fm	im ganzen ℛℳ	für 1 fm ℛℳ | ℛ₰	fm	im ganzen ℛℳ	für 1 fm ℛℳ | ℛ₰
1	2	3	4	5	6	7	8	9	10	11	12	13	14
1	Königsberg m. Marienwerder	587	14915	25 | 41	1219	61749	50 | 66	519	5054	9 | 74	668	8635	12 | 93
2	Gumbinnen	677	17390	25 | 69	563	17731	31 | 49	.	.	. | .	.	.	. | .
3	Allenstein	392	11732	29 | 93	431	11844	27 | 48	92	1724	18 | 74	111	1744	15 | 71
4	Schneidemühl	61	1450	23 | 77	.	.	. | .	145	2178	15 | 02	86	1448	16 | 84
5	Potsdam	322	9148	28 | 41	294	13133	44 | 67	689	11515	16 | 71	741	15316	20 | 67
6	Frankfurt a. d. O.	545	13688	25 | 12	309	12770	41 | 33	265	3582	13 | 52	222	4075	18 | 36
7	Stettin	347	9100	26 | 22	256	8082	31 | 57	480	7500	15 | 63	841	15648	18 | 61
8	Köslin	585	12599	21 | 54	303	9047	29 | 86	1024	16903	16 | 51	898	16209	18 | 05
9	Stralsund	310	8806	28 | 41	232	7055	30 | 41	126	1124	8 | 92	159	3159	19 | 87
10	Breslau m. Liegnitz	732	17291	23 | 62	649	23083	35 | 57	421	6912	16 | 42	202	3788	18 | 75
11	Oppeln	320	6980	21 | 81	442	14827	33 | 55	.	.	. | .	.	.	. | .
12	Magdeburg	2157	54103	25 | 08	1446	43633	30 | 17	955	19588	20 | 51	1051	26252	24 | 98
13	Merseburg	951	22196	23 | 34	1382	43769	31 | 67	1963	40300	20 | 53	2189	52038	23 | 77
14	Erfurt	332	9474	28 | 54	212	8222	38 | 78	5094	109508	21 | 50	2960	80370	27 | 15
15	Schleswig	1696	52659	31 | 05	1263	50875	40 | 28	2703	42153	15 | 59	3403	68813	20 | 22
16	Hannover m. Osnabrück	1977	56600	28 | 63	847	34657	40 | 92	7626	143105	18 | 77	4824	118250	24 | 51
17	Hildesheim	1188	30900	26 | 01	909	31243	34 | 37	22946	473498	20 | 64	11969	315434	26 | 35
18	Lüneburg	1279	30313	23 | 70	561	18632	33 | 21	859	13653	15 | 89	826	18241	22 | 08
19	Stade m. Aurich	867	26034	30 | 03	711	30330	42 | 66	797	15244	19 | 13	535	12473	23 | 31
20	Minden m. Münster	619	17492	28 | 26	706	24960	35 | 35	3835	79565	20 | 75	2345	59636	25 | 43
21	Arnsberg	1021	28426	27 | 84	588	25656	43 | 63	5292	84996	16 | 06	2977	67806	22 | 78
22	Kassel	3854	109926	28 | 52	2170	80670	37 | 18	12982	251753	19 | 39	7241	171163	23 | 64
23	Wiesbaden	606	16182	26 | 70	211	7467	35 | 39	4141	82700	19 | 97	2553	59770	23 | 41
24	Koblenz	598	13917	23 | 27	425	11610	27 | 32	1237	21514	17 | 39	1298	26155	20 | 15
25	Düsseldorf	809	22941	28 | 36	813	30452	37 | 46	620	11207	18 | 08	561	14834	26 | 44
26	Köln	996	20436	20 | 52	519	16536	31 | 86	1107	19434	17 | 56	624	14006	22 | 45
27	Trier	562	13110	23 | 33	457	15217	33 | 30	2245	46633	20 | 77	2851	62381	21 | 88
28	Aachen	603	19534	32 | 39	526	22872	43 | 48	991	16635	16 | 79	839	18992	22 | 64
	Zusammen	24993	667342	26 | 70	18444	676122	36 | 66	79154	1527978	19 | 30	52974	1256636	23 | 72

9c.

im Rechnungsjahre und Forstwirtschaftsjahre 1926.

der Güteklassen A und N

Hainbuchen			Eschen			Rüstern			Ahorn			Erlen		
Klasse 3 (30—39 cm Mittendurchmesser)			Klasse 3 (30—39 cm Mittendurchmesser)			Klasse 3 (30—39 cm Mittendurchmesser)			Klasse 3 (30—39 cm Mittendurchmesser)			Klasse 3 (30—39 cm Mittendurchmesser)		
Es sind versteigert	Erlös		Es sind versteigert	Erlös		Es sind versteigert	Erlös		Es sind versteigert	Erlös		Es sind versteigert	Erlös	
fm	im ganzen RM	für 1 fm RM | Rpf	fm	im ganzen RM	für 1 fm RM | Rpf	fm	im ganzen RM	für 1 fm RM | Rpf	fm	im ganzen RM	für 1 fm RM | Rpf	fm	im ganzen RM	für 1 fm RM | Rpf
15	16	17	18	19	20	21	22	23	24	25	26	27	28	29
152	2605	17 | 14	236	11055	46 | 84	.	.	.	.	.	.	506	6775	13 | 39
.	.	.	.	.	.	.	.	.	.	.	.	194	2923	15 | 07
.	.	.	.	.	.	.	.	.	.	.	.	65	558	8 | 58
.	.	.	.	.	.	.	.	.	.	.	.	.	.	.
.	.	.	.	.	.	.	.	.	.	.	.	202	5489	27 | 17
.	.	.	.	.	.	.	.	.	.	.	.	.	.	.
.	.	.	59	2675	45 | 34	.	.	.	.	.	.	.	.	.
55	1213	22 | 05	.	.	.	105	1755	16 | 71	.	.	.	193	4613	23 | 90
.	.	.	.	.	.	.	.	.	.	.	.	135	3585	26 | 56
.	.	.	106	4102	38 | 70	646	20326	31 | 46	71	1070	15 | 07	.	.	.
242	8195	33 | 86	223	7673	34 | 41	352	9040	25 | 68	.	.	.	113	2985	26 | 42
.	.	.	.	.	.	.	.	.	.	.	.	.	.	.
.	.	.	59	2392	40 | 54	.	.	.	.	.	.	110	3297	29 | 97
.	.	.	.	.	.	.	.	.	.	.	.	.	.	.
449	12013	26 | 76	683	27897	40 | 84	1103	31121	28 | 21	71	1070	15 | 07	1518	30225	19 | 91

Laufende Nummer	Regierungsbezirk	Stammholz (Langholz und Abschnitte)								
		Birken			Fichten					
		Klasse 3 (30—39 cm Mittendurchmesser)			Klasse 2a (20—24 cm Mittendurchmesser)			Klasse 3a (30—34 cm Mittendurchmesser)		
		Es sind versteigert fm	Erlös im ganzen ℛℳ	Erlös für 1 fm ℛℳ | ℛ₰	Es sind versteigert fm	Erlös im ganzen ℛℳ	Erlös für 1 fm ℛℳ | ℛ₰	Es sind versteigert fm	Erlös im ganzen ℛℳ	Erlös für 1 fm ℛℳ | ℛ₰
		30	31	32	33	34	35	36	37	38
1	Königsberg m. Marienwerder	1146	13240	11 55	9784	148321	15 16	5069	87928	17 35
2	Gumbinnen	121	1282	10 60	11883	158562	13 34	6708	119674	17 84
3	Allenstein	365	4470	12 25	5275	59706	11 32	3756	45889	12 22
4	Schneidemühl	154	2439	15 84	.	.	. .	.	.	. .
5	Potsdam	.	.	. .	50	506	10 12	.	.	. .
6	Frankfurt a. d. O.	.	.	. .	.	.	. .	.	.	. .
7	Stettin	.	.	. .	243	2963	12 19	128	2196	17 16
8	Köslin	150	1844	12 29	513	6860	13 37	310	4819	15 55
9	Stralsund	.	.	. .	339	4654	13 73	236	3264	13 83
10	Breslau m. Liegnitz	77	1499	19 47	2993	48068	16 06	2320	47817	20 61
11	Oppeln	.	.	. .	3797	52069	13 71	5031	84120	16 72
12	Magdeburg	75	1422	18 96	196	3774	19 26	.	.	. .
13	Merseburg	.	.	. .	3384	76947	22 74	1636	47541	29 06
14	Erfurt	.	.	. .	8230	199236	24 21	5068	136692	26 97
15	Schleswig	.	.	. .	2786	48746	17 50	497	11326	22 79
16	Hannover m. Osnabrück	.	.	. .	5103	108664	21 29	652	16773	25 73
17	Hildesheim	.	.	. .	29655	669889	22 59	20013	447742	22 37
18	Lüneburg	.	.	. .	4838	81354	16 82	1789	41592	23 25
19	Stade m. Aurich	.	.	. .	2294	50339	21 94	1325	29103	21 96
20	Minden m. Münster	.	.	. .	3802	85894	22 59	716	19916	27 82
21	Arnsberg	.	.	. .	4585	93954	20 49	1565	38150	24 38
22	Kassel	.	.	. .	17824	356640	20 01	4105	95805	23 34
23	Wiesbaden	.	.	. .	8094	158527	19 59	2536	57445	22 65
24	Koblenz	.	.	. .	10601	195012	18 40	2129	40903	19 21
25	Düsseldorf	.	.	. .	.	.	. .	.	.	. .
26	Köln	.	.	. .	973	19347	19 88	165	3923	23 78
27	Trier	.	.	. .	7081	132208	18 67	1047	22415	21 41
28	Aachen	.	.	. .	5894	149733	25 40	1510	44349	29 37
	Zusammen	2088	26196	12 55	150217	2911973	19 39	68311	1449382	21 22

9 c.

der Güteklassen A und N							Brennholz							Eichenspiegelrinde (Jungrinde)			
Kiefern							Buchen (Eschen, Rüstern, Ahorn, Akazien usw).			Kiefern							
Klasse 2a (20—24 cm Mittendurchmesser)			Klasse 3a (30—34 cm Mittendurchmesser)				Scheit- (Kloben-) holz								Erlös (ausschl. Werbungskosten)		
Es sind versteigert	Erlös		Es sind versteigert	Erlös			Es sind versteigert	Erlös		Es sind versteigert	Erlös			Es sind verwertet			
	im ganzen	für 1 fm		im ganzen	für 1 fm			im ganzen	für 1 rm		im ganzen	für 1 rm			im ganzen	für 1 Ztr.	
fm	ℛℳ	ℛℳ	₰	fm	ℛℳ	ℛℳ	₰	rm	ℛℳ	ℛℳ	₰	rm	ℛℳ	ℛℳ	₰	Zentner	ℛℳ	ℛℳ	₰
39	40	41		42	43	44		45	46	47		48	49	50		51	52	53	
5634	78153	13	87	10621	197958	18	64	21061	134141	6	37	25719	172586	6	71	.	.	.	.
2514	38370	15	26	2517	45169	17	95	8082	40068	4	96	13997	78515	5	61	.	.	.	.
33690	731630	21	72	45302	810192	17	88	6317	40967	6	49	75316	376650	5	.	.	.	.	.
9511	140221	14	74	7700	157110	20	40	1921	16194	8	43	50308	292538	5	81	.	.	.	.
22811	291527	12	78	25631	545731	21	29	25614	212956	8	31	172291	1098002	6	37	.	.	.	.
37776	405990	10	75	17520	325308	18	57	5686	43473	7	65	157052	788715	5	02	.	.	.	.
19573	250759	12	81	16159	288633	17	86	33879	271557	8	02	67866	376817	5	55	.	.	.	.
9668	132784	13	73	12295	222822	18	12	28966	265292	9	16	33123	189286	5	71	.	.	.	.
479	7414	15	48	365	7253	19	87	20441	137879	6	75	6851	43899	6	41	.	.	.	.
8775	138701	15	81	8378	185029	22	09	6758	44596	6	60	27068	244553	9	03	.	.	.	.
13236	193991	14	66	11907	246889	20	73	684	3502	5	12	34748	273996	7	89	.	.	.	.
14584	215808	14	80	9552	203030	21	26	14622	116148	7	94	13390	89649	6	70	.	.	.	.
21690	392042	18	07	13995	352797	25	21	21756	171741	7	89	43784	345431	7	89	.	.	.	.
161	4135	25	68	.	.	.	.	35125	403680	11	49	.	.	.	.	.	.	.	.
647	11082	17	13	197	4742	24	07	38864	360357	9	27	1812	12129	6	69	.	.	.	.
9037	174989	19	36	1729	44011	25	45	20476	202570	9	89	3222	24609	7	64	.	.	.	.
175	3098	17	70	.	.	.	.	82370	719247	8	73	591	3349	5	67	.	.	.	.
18371	264053	14	37	6174	138448	22	42	12241	124892	10	20	8507	58775	6	91	.	.	.	.
5739	107613	18	75	1826	42580	23	32	3511	35700	10	17	822	4756	5	79	.	.	.	.
2576	56298	21	85	690	19439	28	17	27658	222334	8	04	147	1021	6	95	.	.	.	.
381	7047	18	50	83	2056	24	77	10366	74139	7	15	.	.	.	.	4	22	5	50
19804	306059	15	45	3763	86626	23	02	140079	1298897	9	27	5722	38832	6	79	1976	3747	1	90
559	9277	16	60	207	4837	23	37	69866	714352	10	22	437	2461	5	63	730	739	1	01
101	1499	14	84	.	.	.	.	26205	248049	9	47	362	1494	4	13	.	.	.	.
3885	54172	13	94	1813	31335	17	28	3500	28784	8	22	718	4780	6	66	.	.	.	.
1587	25275	15	93	509	9967	19	58	2613	16947	6	49	107	459	4	29	.	.	.	.
110	3451	31	37	.	.	.	.	51919	480116	9	25	.	.	.	.	.	.	.	.
609	14423	23	68	118	3462	29	34	2236	13818	6	18	.	.	.	.	.	.	.	.
263683	4059861	15	40	199051	3975424	19	97	722816	6442396	8	91	743960	4523302	6	08	2710	4508	1	66

Tafel

Zusammenstellung der in den Abtriebsschlägen verschiedenen Alters

Holzart: Kiefer.

Laufende Nummer	Regierungsbezirk	Bodenklasse I											Bodenklasse I/II													Bo-	
		Altersklassen											Altersklassen												Al-	
		über 140		121—140		101—120		81—100		61—80		über 140		121—140		101—120		81—100		41—60		21—40		über 140	
		jährige Bestände											jährige Bestände												jäh-	
		Alter	Preis	Alter	Preis	Alter	Preis	Alter	Preis	Alter	Preis	Alter	Preis	Alter	Preis	Alter	Preis	Alter	Preis	Alter	Preis	Alter	Preis	Alter	Preis
1	2	3											4													
1	Königsberg m. Marienw.	165	17,8	.	.	.	.	.	.	.	.	.	.	.	.	.	.	.	.	.	.	.	.	.	.
2	Gumbinnen	.	.	140	11,7	.	.	.	.	.	.	.	.	.	.	.	.	.	.	.	.	.	.	.	.
3	Allenstein	153	21,9	140	17,1	.	.	.	.	.	.	158	19,7	135	16,5	118	16,2	.	.	.	.	.	.	153	17,4
4	Schneidemühl	.	.	.	.	.	.	.	.	.	.	.	.	.	.	.	.	.	.	51	4,7	39	4,3	147	21,1
5	Potsdam	.	.	.	.	114	13,8	.	.	.	.	146	17,8	124	15,2	115	13,4	.	.	.	.	.	.	151	20,8
6	Frankfurt a. d. O.	.	.	.	.	.	.	.	.	.	.	.	.	.	.	.	.	.	.	.	.	.	.	158	23,8
7	Stettin	.	.	.	.	.	.	.	.	.	.	.	.	.	.	118	14,0	.	.	.	.	.	.	150	20,1
8	Köslin	.	.	.	.	.	.	.	.	.	.	.	.	.	.	.	.	.	.	.	.	.	.	.	.
9	Stralsund	.	.	.	.	.	.	.	.	82	10,8	.	.	.	.	.	.	.	.	.	.	.	.	.	.
10	Breslau m. Liegnitz	.	.	127	15,5	116	26,1	.	.	.	.	.	.	131	13,5	114	17,8	.	.	.	.	.	.	.	.
11	Oppeln	.	.	.	.	.	.	.	.	.	.	.	.	.	.	.	.	.	.	.	.	.	.	153	14,2
12	Magdeburg	.	.	.	.	.	.	.	.	.	.	.	.	131	22,8	.	.	.	.	.	.	.	.	.	.
13	Merseburg	.	.	.	.	.	.	.	.	.	.	.	.	.	.	.	.	.	.	.	.	.	.	.	.
14	Erfurt	.	.	.	.	.	.	.	.	.	.	.	.	.	.	.	.	.	.	.	.	.	.	.	.
15	Schleswig	.	.	.	.	.	.	.	.	.	.	.	.	.	.	.	.	.	.	.	.	.	.	.	.
16	Hannover m. Osnabrück	.	.	.	.	.	.	.	.	.	.	.	.	.	.	.	.	.	.	.	.	.	.	.	.
17	Lüneburg	.	.	.	.	.	.	102	15,7	.	.	.	.	.	.	.	.	.	.	.	.	.	.	.	.
18	Stade m. Aurich	.	.	.	.	.	.	.	.	.	.	.	.	.	.	.	.	.	.	.	.	.	.	.	.
19	Minden m. Münster	.	.	.	.	.	.	.	.	.	.	.	.	.	.	.	.	.	.	.	.	.	.	.	.
20	Kassel	.	.	.	.	.	.	.	.	.	.	.	.	.	.	.	.	.	.	.	.	.	.	.	.
21	Düsseldorf	.	.	.	.	.	.	.	.	.	.	.	.	.	.	.	.	81	12,6	.	.	.	.	.	.
22	Köln	.	.	.	.	.	.	.	.	.	.	.	.	.	.	.	.	.	.	.	.	.	.	.	.
23	Aachen	.	.	.	.	.	.	.	.	.	.	.	.	.	.	.	.	.	.	.	.	.	.	.	.
	Zusammen 1926:	318	39,7	407	44,3	332	55,6	82	10,8	.	.	304	37,5	521	68,0	465	61,4	81	12,6	51	4,7	39	4,3	912	117,4
	Arithmetisches Mittel 1926:	159	19,9	136	14,8	111	18,5	82	10,8	.	.	152	18,8	130	17,0	116	15,4	81	12,6	51	4,7	39	4,3	152	19,6
	Arithmetisches Mittel 1925:	143	21,8	.	.	114	11,6	.	.	78	15,1	142	25,1	.	.	111	25,3	86	19,7	.	.	.	.	.	.
	„ „ 1924:	.	.	135	25,7	110	38,1	97	24,3	.	.	141	25,7	.	.	110	28,5	95	19,0	53	10,2	.	.	.	.

9 d.

je Festmeter Derbholz erzielten erntekostenfreien Verkaufserlöse.
Forstwirtschaftsjahr 1926.

denklasse II												Bodenklasse II/III														
tersklassen												Altersklassen														
121—140		101—120		81—100		61—80		41—60		21—40		über 140		121—140		101—120		81—100		61—80		41—60		21—40	
rige Bestände												jährige Bestände														
Alter	Preis	Alter	Preis	Alter	Preis	Alter	Preis	Alter	Preis	Alter	Preis	Alter	Preis	Alter	Preis	Alter	Preis	Alter	Preis	Alter	Preis	Alter	Preis	Alter	Preis
5												6													
133	13,6	115	16,5	.	.	.	.	.	.	.	.	180	17,0	125	16,2	117	15,9	100	13,9	.	.	.	.	.	.
.	.	110	11,0	.	.	.	.	.	.	.	.	.	.	130	12,5	.	.	.	.	.	.	.	.	.	.
135	18,3	113	10,9	.	.	80	8,3	50	5,8	.	.	153	17,8	135	15,8	110	16,8	85	9,6	.	.	.	.	37	4,6
132	12,7	.	.	.	.	66	5,2	.	.	.	.	147	18,3	125	11,5	115	16,1	.	.	74	6,1	51	3,2	39	2,5
131	15,1	109	15,4	92	11,2	.	.	.	.	.	.	152	19,1	131	17,7	110	14,1	94	13,2	80	10,1	.	.	.	.
.	.	120	16,8	.	.	.	.	.	.	.	.	156	21,0	.	.	118	20,1	90	11,8	79	5,2	59	8,5	35	10,3
123	21,3	.	.	.	.	.	.	.	.	.	.	153	24,0	132	19,9	120	15,4	91	14,3	.	.	.	.	.	.
131	17,9	.	.	.	.	.	.	.	.	28	3,9	145	20,5	135	19,4	.	.	.	.	.	.	.	.	.	.
130	17,1	.	.	.	.	.	.	.	.	.	.	.	.	.	.	.	.	.	.	.	.	.	.	.	.
131	17,3	111	15,9	90	19,4	.	.	.	.	.	.	.	.	133	19,4	114	16,7	100	18,3	.	.	.	.	.	.
137	15,4	113	15,4	91	9,2	69	12,6	.	.	.	.	143	17,9	131	12,1	118	14,2	92	11,8	.	.	.	.	.	.
.	.	107	17,8	.	.	.	.	.	.	.	.	155	20,1	132	27,5	.	.	95	19,4	.	.	.	.	.	.
134	19,0	110	19,1	88	15,5	.	.	.	.	.	.	.	.	127	21,8	113	19,1	90	14,0	.	.	.	.	.	.
.	.	.	.	.	.	65	15,1	.	.	.	.	.	.	.	.	.	.	.	.	.	.	.	.	.	.
.	.	.	.	.	.	.	.	.	.	.	.	.	.	.	.	.	.	.	.	.	.	.	.	.	.
126	16,9	107	13,1	96	13,9	77	10,5	60	9,9	.	.	.	.	125	17,9	.	.	91	16,0	68	11,5	.	.	.	.
.	.	.	.	.	.	.	.	.	.	.	.	.	.	.	.	81	24,1	.	.	.	.	.	.	.	.
.	.	106	15,0	88	12,0	.	.	.	.	.	.	.	.	.	.	88	12,2	73	11,4	.	.	.	.	.	.
.	.	.	.	95	13,6	.	.	.	.	.	.	.	.	.	.	101	9,5	.	.	77	12,8	.	.	30	8,7
.	.	.	.	.	.	.	.	.	.	.	.	.	.	.	.	.	.	77	13,5	.	.	.	.	.	.
1443	184,6	1221	166,9	640	94,8	357	51,7	110	15,7	28	3,9	1384	175,7	1561	211,7	1136	157,9	1097	178,6	528	70,6	110	11,7	141	26,1
131	16,8	111	15,2	91	13,5	71	10,3	55	7,9	28	3,9	154	19,5	130	17,6	114	15,8	91	14,9	75	10,1	55	5,9	35	6,5
139	27,5	112	25,1	93	18,9	71	18,9	52	13,1	37	6,1	.	.	138	25,9	111	22,4	90	17,5	73	13,3	50	9,7	37	6,8
134	28,1	114	24,1	95	21,6	75	15,7	49	14,4	39	17,6	.	.	137	26,2	114	23,9	91	21,1	72	18,4	52	13,7	37	12,3

14

Zu Tafel

Laufende Nummer	Regierungsbezirk	Bodenklasse III													Bo-	
		Altersklassen														Al-
		über 140		121—140		101—120		81—100		61—80		41—60		21—40		über 140		121—140	
		jährige Bestände														jäh-
		Alter	Preis	Alter	Preis	Alter	Preis	Alter	Preis	Alter	Preis	Alter	Preis	Alter	Preis	Alter	Preis	Alter	Preis
1	Königsberg m. Marienw.	144	18,8	132	12,8	111	15,5	.	.	.	.	.	.	.	.	.	.	125	16,0
2	Gumbinnen	.	.	133	13,7	114	13,0	.	.	.	.	.	.	.	.	.	.	136	13,1
3	Allenstein	148	17,2	132	15,1	113	11,8	97	11,9	75	3,5	.	.	39	7,2	161	11,8	.	.
4	Schneidemühl	146	9,7	131	15,7	113	15,6	88	9,3	75	8,5	53	3,8	30	2,7	149	24,2	132	19,3
5	Potsdam	153	17,0	128	17,3	112	14,1	94	12,6	74	7,1	45	5,3	23	7,5	150	16,5	131	14,1
6	Frankfurt a. d. O.	149	23,2	129	17,9	116	17,2	89	8,5	74	8,0	51	6,5	.	.	143	7,1	133	12,4
7	Stettin	156	19,0	136	17,2	112	15,9	85	9,6	.	.	.	.	.	.	155	17,1	132	12,4
8	Köslin	148	15,5	130	19,0	110	11,7	90	5,4	80	13,0	.	.	.	.	145	18,8	136	17,3
9	Stralsund	.	.	.	.	116	14,9	83	12,6	66	10,0	.	.	.	.	.	.	125	13,6
10	Breslau m. Liegnitz	.	.	128	13,6	107	14,8	96	13,8	76	18,5	50	5,6	.	.	.	.	.	.
11	Oppeln	145	15,4	133	16,4	111	12,5	91	15,5	.	.	.	.	.	.	148	14,8	132	14,4
12	Magdeburg	155	17,4	123	19,4	111	16,3	94	14,2	77	14,3	.	.	.	.	.	.	.	.
13	Merseburg	.	.	127	18,2	110	18,0	91	18,9	80	15,6	58	8,1	.	.	.	.	125	17,3
14	Erfurt	.	.	.	.	.	.	83	12,9	.	.	.	.	.	.	.	.	.	.
15	Schleswig	.	.	.	.	.	.	.	.	.	.	.	.	.	.	.	.	.	.
16	Hannover m. Osnabrück	.	.	.	.	109	16,3	95	17,1	.	.	.	.	.	.	.	.	.	.
17	Lüneburg	.	.	129	18,3	109	13,0	89	14,1	70	10,7	58	9,0	.	.	.	.	.	.
18	Stade m. Aurich	.	.	.	.	.	.	94	19,3	.	.	.	.	.	.	.	.	.	.
19	Minden m. Münster	.	.	.	.	.	.	95	16,7	75	16,9	.	.	.	.	.	.	.	.
20	Kassel	.	.	.	.	.	.	92	14,0	80	13,8	.	.	.	.	.	.	.	.
21	Düsseldorf	.	.	.	.	.	.	97	16,3	63	13,7	.	.	.	.	.	.	.	.
22	Köln	.	.	.	.	.	.	90	13,9	.	.	.	.	.	.	.	.	.	.
23	Aachen	.	.	.	.	.	.	86	20,6	61	9,9	.	.	.	.	.	.	.	.
	Zusammen 1926:	1344	153,2	1691	214,6	1674	220,6	1819	277,2	1026	163,5	315	38,3	92	17,4	1051	110,3	1307	149,9
	Arithmetisches Mittel 1926:	149	17,0	130	16,5	112	14,7	91	13,9	73	11,7	53	6,4	31	5,8	150	15,8	131	15,0
	Arithmetisches Mittel 1925:	.	.	138	24,7	112	21,7	91	17,4	73	15,0	54	9,5	34	5,1	141	21,2	.	.
	„ „ 1924:	.	.	135	24,6	111	23,5	91	19,0	73	18,8	53	12,0	34	9,9	.	.	134	23,1

9 d.

denklasse III/IV										Bodenklasse IV														
tersklassen										Altersklassen														
101—120		81—100		61—80		41—60		21—40		über 140		121—140		101—120		81—100		61—80		41—60		21—40		
rige Bestände										jährige Bestände														
Alter	Preis	Alter	Preis	Alter	Preis	Alter	Preis	Alter	Preis	Alter	Preis	Alter	Preis	Alter	Preis	Alter	Preis	Alter	Preis	Alter	Preis	Alter	Preis	
8										9														
112	13,1	.	.	80	9,8	.	.	.	.	.	.	.	.	.	.	.	.	.	.	.	.	.	.	
113	15,2	.	.	.	.	.	.	.	.	.	.	130	9,1	105	10,9	.	.	.	.	55	5,3	40	4,2	
116	14,4	90	15,8	75	8,4	56	10,7	35	8,8	.	.	126	18,1	118	13,7	91	8,4	73	8,9	53	4,9	37	3,7	
110	13,8	89	13,6	80	12,7	41	7,0	.	.	157	13,3	132	13,3	118	20,1	93	13,0	76	8,7	.	.	.	.	
113	8,7	90	7,6	72	5,0	53	5,4	31	2,2	.	.	124	13,9	112	10,9	92	10,1	71	4,0	53	3,9	33	4,0	
115	12,7	85	13,0	.	.	.	.	.	.	.	.	125	12,6	114	10,2	.	.	.	.	.	.	.	.	
113	15,4	.	.	80	4,4	51	1,5	.	.	.	.	.	.	115	15,8	98	15,3	73	7,3	.	.	39	5,8	
109	15,9	92	12,2	70	8,3	.	.	.	.	.	.	.	.	.	.	.	.	.	.	.	.	.	.	
.	.	91	10,5	.	.	.	.	.	.	.	.	122	17,6	.	.	.	.	.	.	.	.	.	.	
116	12,8	.	.	73	11,4	.	.	.	.	145	16,9	126	10,9	114	12,0	89	12,4	.	.	.	.	.	.	
108	15,2	95	12,2	.	.	.	.	.	.	.	.	.	.	.	.	92	12,4	76	16,9	52	9,7	.	.	
111	15,3	89	14,3	.	.	43	20,2	.	.	.	.	124	16,8	108	14,9	96	14,7	77	14,1	53	12,5	.	.	
.	.	.	.	75	12,3	.	.	.	.	.	.	.	.	.	.	93	12,9	.	.	.	.	.	.	
107	17,0	90	15,0	72	10,7	.	.	.	.	.	.	.	.	.	.	82	16,0	69	10,3	.	.	.	.	
104	13,8	92	12,5	67	9,8	55	16,4	.	.	.	.	.	.	104	11,9	85	10,0	73	9,0	56	9,0	.	.	
.	.	.	.	.	.	.	.	.	.	.	.	.	.	.	.	.	.	72	12,2	.	.	.	.	
.	.	84	11,6	.	.	.	.	.	.	.	.	.	.	.	.	.	.	.	.	.	.	.	.	
.	.	.	.	72	12,9	.	.	.	.	.	.	.	.	.	.	.	.	.	.	.	.	.	.	
.	.	.	.	.	.	.	.	.	.	.	.	.	.	.	.	90	19,4	.	.	.	.	.	.	
1447	183,3	987	138,3	816	105,7	299	61,2	66	11,0	302	30,2	1009	112,3	1008	120,4	1001	144,6	660	91,4	322	45,3	149	17,7	
111	14,1	90	12,6	74	9,6	50	10,2	33	5,5	151	15,1	126	14,0	112	13,4	91	13,2	73	10,2	54	7,6	37	4,4	
112	20,1	91	14,7	73	13,5	53	7,0	33	5,6	.	.	138	20,7	113	17,1	92	16,0	70	12,9	53	8,5	35	6,2	
111	22,2	91	17,8	72	15,9	50	10,8	37	8,2	.	.	132	21,7	111	18,4	92	15,1	70	14,3	55	10,4	38	9,6	

Zu Tafel 9d.

Laufende Nummer	Regierungsbezirk	Bodenklasse IV/V													Bodenklasse V													
		Altersklassen													Altersklassen													
		über 140		121/140		101/120		81/100		61/80		41/60		21/40		über 140		121/140		101/120		81/100		61/80		41/60		21/40	
		jährige Bestände														jährige Bestände												
		Alter	Preis	Alter	Preis	Alter	Preis	Alter	Preis	Alter	Preis	Alter	Preis	Alter	Preis	Alter	Preis	Alter	Preis	Alter	Preis	Alter	Preis	Alter	Preis	Alter	Preis	Alter	Preis
		10														11													
1	Königsberg m.Marienw.	.	.	.	.	.	.	110	10,4	.	.	70	9,9	.	.	.	.	.	.	130	8,7	110	8,9	.	.	.	.	.	.
2	Gumbinnen	.	.	.	.	.	.	.	.	.	.	.	.	.	.	.	.	.	.	.	.	.	.	.	.	.	.	.	.
3	Allenstein	.	.	.	.	.	.	98	3,1	77	8,5	.	.	.	.	.	.	.	.	.	.	.	.	.	.	.	.	.	.
4	Schneidemühl	.	.	.	.	.	.	.	.	64	2,8	.	.	.	.	.	.	.	.	.	.	.	.	.	.	60	5,3	.	.
5	Potsdam	141	13,2	125	14,4	.	.	92	7,1	77	6,6	54	7,4	.	.	.	.	133	10,4	.	.	.	.	.	.	57	6,8	.	.
6	Frankfurt a. b. O.	.	.	138	8,7	101	9,7	85	2,0	.	.	56	3,5	29	3,4	147	7,7	.	.	110	11,2	.	.	.	.	60	6,2	.	.
7	Stettin	.	.	128	15,0	.	.	.	.	.	.	.	.	.	.	.	.	.	.	.	.	.	.	.	.	.	.	.	.
8	Köslin	.	.	.	.	.	.	.	.	.	.	53	5,6	.	.	.	.	.	.	.	.	.	.	.	.	.	.	.	.
9	Stralsund	.	.	.	.	.	.	.	.	.	.	.	.	.	.	.	.	.	.	.	.	.	.	.	.	.	.	.	.
10	Breslau m. Liegnitz	.	.	.	.	.	.	.	.	.	.	45	4,4	.	.	.	.	.	.	.	.	.	.	.	.	.	.	.	.
11	Oppeln	.	.	.	.	.	.	.	.	.	.	.	.	.	.	.	.	.	.	.	.	.	.	.	.	73	5,7	.	.
12	Magdeburg	.	.	.	.	.	.	91	14,2	67	11,9	.	.	.	.	.	.	.	.	.	.	.	.	.	.	.	.	.	.
13	Merseburg	.	.	124	11,0	113	15,2	.	.	.	.	.	.	.	.	.	.	.	.	.	.	89	13,8	.	.	.	.	.	.
14	Erfurt	.	.	.	.	.	.	.	.	.	.	.	.	.	.	.	.	.	.	.	.	.	.	.	.	.	.	.	.
15	Schleswig	.	.	.	.	.	.	.	.	.	.	.	.	.	.	.	.	.	.	105	14,0	.	.	.	.	.	.	.	.
16	Hannover m. Osnabrück	.	.	.	.	.	.	83	10,9	61	9,0	.	.	.	.	.	.	.	.	.	.	84	12,8	.	.	.	.	.	.
17	Lüneburg	.	.	.	.	.	.	.	.	75	6,8	57	8,0	.	.	.	.	.	.	.	.	.	.	74	6,9	59	10,8	.	.
18	Stade m. Aurich	.	.	.	.	.	.	.	.	.	.	.	.	.	.	.	.	.	.	.	.	.	.	74	11,6	.	.	.	.
19	Minden m. Münster	.	.	.	.	.	.	.	.	.	.	.	.	.	.	.	.	.	.	.	.	.	.	.	.	.	.	.	.
20	Kassel	.	.	.	.	.	.	.	.	.	.	.	.	.	.	.	.	.	.	.	.	.	.	.	.	.	.	.	.
21	Düsseldorf	.	.	.	.	.	.	.	.	.	.	.	.	.	.	.	.	.	.	.	.	.	.	.	.	.	.	.	.
22	Köln	.	.	.	.	.	.	.	.	.	.	.	.	.	.	.	.	.	.	.	.	.	.	.	.	.	.	.	.
23	Aachen	.	.	.	.	.	.	.	.	.	.	.	.	.	.	.	.	.	.	.	.	.	.	.	.	.	.	.	.
	Zusammen 1926:	141	13,2	515	49,1	324	35,3	449	37,3	491	55,5	265	28,9	29	3,4	147	7,7	263	19,1	325	34,1	173	26,6	221	24,2	236	29,1	.	.
	Arithmet. Mittel 1926:	141	13,2	129	12,3	108	11,8	90	7,5	70	7,9	53	5,8	29	3,4	147	7,7	132	9,6	108	11,4	87	13,3	74	8,1	59	7,3	.	.
	Arithmet. Mittel 1925:	.	.	130	13,0	107	15,5	87	11,4	66	10,8	55	8,4	.	.	.	.	126	14,1	111	14,4	87	9,8	73	12,1	56	5,2	38	6,8
	" " 1924:	.	.	127	18,4	112	17,5	90	17,0	73	13,0	52	8,8	36	8,6	.	.	131	14,4	111	13,6	91	15,5	73	10,5	47	7,6	.	.

17

Tafel 9d.

Zusammenstellung der in den Abtriebsschlägen verschiedenen Alters je Festmeter Derbholz erzielten erntekostenfreien Verkaufserlöse.

Holzart: Fichte.   Forstwirtschaftsjahr: 1926.

Laufende Nummer	Regierungsbezirk	Bodenklasse I											Bodenklasse I/II												
		Altersklassen											Altersklassen												
		121/140		101/120		81/100		61/80		41/60		121/140		101/120		81/100		61/80		41/60		21/40	
		jährige Bestände											jährige Bestände												
		Alter	Preis	Alter	Preis	Alter	Preis	Alter	Preis	Alter	Preis	Alter	Preis	Alter	Preis	Alter	Preis	Alter	Preis	Alter	Preis	Alter	Preis
1	2	3										4												
1	Gumbinnen	.	.	.	.	.	.	.	.	.	.	.	.	120	11,0	100	11,2	.	.	.	.	.	.
2	Allenstein	.	.	.	.	.	.	.	.	.	.	.	.	.	.	100	7,1	.	.	.	.	.	.
3	Stralsund	.	.	.	.	.	.	.	.	.	.	.	.	.	.	82	10,8	.	.	.	.	.	.
4	Breslau m. Liegnitz	.	.	.	.	.	.	.	.	.	.	128	19,1	.	.	.	.	.	.	.	.	.	.
5	Merseburg	.	.	.	.	.	.	.	.	.	.	135	20,5	118	26,2	.	.	.	.	71	18,1	.	.
6	Erfurt	.	.	.	.	98	21,9	.	.	.	.	.	.	.	.	.	.	.	.	.	.	.	.
7	Schleswig	.	.	.	.	.	.	.	.	.	.	.	.	.	.	.	.	.	.	42	10,2	.	.
8	Hannover m. Osnabrück	.	.	.	.	.	.	.	.	.	.	.	.	.	.	.	.	.	.	.	.	.	.
9	Hildesheim	.	.	.	.	.	.	.	.	.	.	.	.	.	.	.	.	.	.	.	.	.	.
10	Lüneburg	.	.	.	.	.	.	.	.	.	.	.	.	.	.	.	.	.	.	51	11,3	.	.
11	Stade m. Aurich	.	.	.	.	.	.	.	.	.	.	.	.	.	.	.	.	.	.	.	.	.	.
12	Minden m. Münster	.	.	.	.	.	.	72	21,8	.	.	.	.	.	.	.	.	75	19,3	.	.	.	.
13	Arnsberg	.	.	.	.	.	.	.	.	.	.	.	.	.	.	87	21,0	.	.	57	16,5	37	7,8
14	Kassel	.	.	.	.	.	.	.	.	.	.	.	.	.	.	.	.	.	.	.	.	.	.
15	Wiesbaden	.	.	.	.	83	16,6	73	15,2	.	.	.	.	.	.	.	.	73	16,0	.	.	.	.
16	Koblenz	.	.	.	.	.	.	.	.	47	10,3	.	.	.	.	.	.	.	.	.	.	.	.
17	Köln	.	.	.	.	.	.	.	.	.	.	.	.	.	.	.	.	.	.	.	.	.	.
18	Trier	.	.	.	.	.	.	.	.	.	.	.	.	.	.	.	.	.	.	.	.	.	.
19	Aachen	.	.	.	.	.	.	.	.	.	.	.	.	.	.	.	.	.	.	.	.	.	.
	Zusammen 1926:	.	.	.	.	181	38,5	145	37,0	47	10,3	263	39,6	238	37,2	369	50,1	219	53,4	150	38,8	37	7,8
	Arithmetisches Mittel 1926:	.	.	.	.	91	19,3	73	18,5	47	10,3	132	19,8	119	18,6	92	12,5	73	17,8	50	12,7	37	7,8
	Arithmetisches Mittel 1925:	.	.	.	.	89	31,2	78	27,0	54	22,0	.	.	115	39,2	.	.	74	26,5	.	.	.	.
	„ „ 1924:	127	29,0	117	29,5	83	26,2	72	18,9	.	.	127	25,8	109	25,0	93	22,6	77	35,1	54	18,3	38	13,2

B

Zu Tafel

Laufende Nummer	Regierungsbezirk	Bodenklasse II											Bodenklasse II/III												
		Altersklassen											Altersklassen												
		121/140		101/120		81—100		61—80		41/60		über 140		121/140		101/120		81/100		61/80		41/60		21/40	
		jährige Bestände											jährige Bestände												
		Alter	Preis	Alter	Preis	Alter	Preis	Alter	Preis	Alter	Preis	Alter	Preis	Alter	Preis	Alter	Preis	Alter	Preis	Alter	Preis	Alter	Preis	Alter	Preis
		5										6														
1	Gumbinnen	.	.	112	11,1	95	9,4	77	8,4	.	.	.	.	.	.	105	10,1	94	6,5	80	6,7	60	8,2	.	.
2	Allenstein	.	.	.	.	95	9,6	.	.	.	.	.	.	130	12,2	.	.	85	11,6	75	10,9	.	.	.	.
3	Stralsund	.	.	.	.	.	.	.	.	.	.	.	.	.	.	.	.	.	.	.	.	.	.	.	.
4	Breslau m. Liegnitz	.	.	108	17,4	.	.	.	.	.	.	.	.	.	.	108	13,3	.	.	.	.	.	.	.	.
5	Merseburg	.	.	101	18,5	.	.	74	17,8	.	.	.	.	.	.	111	20,0	.	.	.	.	.	.	.	.
6	Erfurt	128	22,3	110	20,4	84	20,5	.	.	.	.	144	21,5	139	23,6	109	20,5	.	.	.	.	.	.	.	.
7	Schleswig	.	.	.	.	.	.	.	.	.	.	.	.	.	.	.	.	.	.	.	.	.	.	.	.
8	Hannover m. Osnabrück	.	.	.	.	.	.	61	17,2	.	.	.	.	.	.	.	.	85	18,2	79	16,5	.	.	.	.
9	Hildesheim	125	24,4	112	20,5	88	19,4	.	.	.	.	.	.	124	20,0	110	20,2	95	19,6	76	18,1	.	.	.	.
10	Lüneburg	.	.	.	.	91	17,0	61	10,9	.	.	.	.	.	.	.	.	.	.	.	.	.	.	.	.
11	Stade m. Aurich	.	.	.	.	.	.	.	.	.	.	.	.	.	.	.	.	.	.	.	.	.	.	.	.
12	Minden m. Münster	.	.	.	.	85	20,0	.	.	58	21,5	.	.	.	.	.	.	83	29,1	77	25,8	50	18,7	.	.
13	Arnsberg	.	.	.	.	96	19,0	68	15,9	52	18,1	.	.	.	.	.	.	.	.	72	17,3	.	.	.	.
14	Kassel	.	.	.	.	.	.	80	27,4	55	14,3	.	.	.	.	106	18,5	.	.	.	.	.	.	.	.
15	Wiesbaden	.	.	.	.	.	.	.	.	.	.	.	.	.	.	.	.	.	.	.	.	.	.	.	.
16	Koblenz	.	.	.	.	.	.	.	.	.	.	.	.	.	.	.	.	.	.	.	.	.	.	.	.
17	Köln	.	.	.	.	.	.	.	.	.	.	.	.	.	.	.	.	.	.	.	.	.	.	.	.
18	Trier	.	.	.	.	.	.	.	.	.	.	.	.	.	.	.	.	.	.	.	.	.	.	.	.
19	Aachen	.	.	.	.	.	.	.	.	57	27,5	.	.	.	.	.	.	.	.	.	.	.	.	.	.
	Zusammen 1926:	253	46,7	543	87,9	634	114,9	421	97,6	222	81,4	144	21,5	393	55,8	649	102,6	442	85,0	459	95,3	110	26,9	.	.
	Arithmetisches Mittel 1926:	127	23,4	109	17,6	91	16,4	70	16,3	56	20,4	144	21,5	131	18,6	108	17,1	88	17,0	77	15,9	55	13,5	.	.
	Arithmetisches Mittel 1925:	127	26,2	105	27,9	90	23,5	74	28,6	55	18,2	.	.	124	21,8	108	23,7	95	20,7	77	26,7	57	13,9	31	17,4
	„ „ 1924:	127	21,1	108	25,3	90	23,1	69	21,9	54	19,2	.	.	126	21,2	110	24,9	93	29,8	74	24,7	44	11,9	.	.

9 d.

Bodenklasse III														Bodenklasse III/IV											
Altersklassen														Altersklassen											
über 140		121—140		101—120		81—100		61—80		41—60		21—40		über 140		121—140		101—120		81—100		61—80		41—60	
jährige Bestände														jährige Bestände											
Alter	Preis	Alter	Preis	Alter	Preis	Alter	Preis	Alter	Preis	Alter	Preis	Alter	Preis	Alter	Preis	Alter	Preis	Alter	Preis	Alter	Preis	Alter	Preis	Alter	Preis
7														8											
.	.	121	10,4	105	9,2	.	.	.	.	.	.	.	.	.	.	.	.	.	.	.	.	.	.	.	.
.	.	.	.	.	.	.	.	72	11,1	.	.	.	.	.	.	130	20,9	.	.	.	.	.	.	.	.
.	.	.	.	103	11,2	90	9,2	.	.	.	.	.	.	.	.	125	9,2	110	9,2	.	.	.	.	.	.
.	.	.	.	.	.	.	.	.	.	.	.	31	18,7	.	.	.	.	.	.	.	.	.	.	.	.
.	.	134	21,5	108	19,6	96	21,4	74	16,0	.	.	.	.	.	.	131	22,4	117	19,9	.	.	.	.	58	21,2
.	.	.	.	.	.	.	.	72	18,0	.	.	.	.	.	.	.	.	.	.	.	.	.	.	.	.
145	18,5	128	19,7	111	18,4	96	18,8	.	.	.	.	.	.	.	.	129	17,6	112	19,4	93	18,8	.	.	.	.
.	.	.	.	.	.	.	.	67	18,9	.	.	.	.	.	.	.	.	.	.	.	.	.	.	.	.
.	.	.	.	.	.	93	20,6	.	.	.	.	.	.	.	.	.	.	.	.	.	.	.	.	60	15,8
.	.	.	.	.	.	89	19,7	.	.	.	.	.	.	.	.	.	.	.	.	85	17,0	.	.	.	.
.	.	.	.	108	16,0	87	14,2	80	21,0	.	.	.	.	.	.	.	.	.	.	.	.	.	.	.	.
.	.	.	.	.	.	.	.	.	.	53	18,9	.	.	.	.	.	.	.	.	.	.	.	.	.	.
.	.	.	.	.	.	90	19,7	.	.	.	.	.	.	.	.	.	.	.	.	.	.	.	.	.	.
.	.	.	.	.	.	83	23,4	64	29,6	55	20,4	.	.	.	.	.	.	.	.	.	.	79	17,5	.	.
145	18,5	383	51,6	535	74,4	724	147,0	429	114,6	108	39,3	31	18,7	.	.	515	70,1	339	48,5	178	35,8	79	17,5	118	37,0
145	18,5	128	17,2	107	14,9	91	18,4	72	19,1	54	19,7	31	18,7	.	.	129	17,5	113	16,2	89	17,9	79	17,5	59	18,5
.	.	132	26,1	107	26,0	89	22,6	73	21,2	56	19,5	34	12,6	.	.	131	23,9	106	22,3	92	25,9	65	27,1	47	17,5
.	.	130	23,0	110	23,0	93	27,0	67	19,4	59	13,3	34	12,9	154	21,1	.	.	113	21,7	91	21,1	.	.	57	14,4

Zu Tafel 9d.

Laufende Nummer	Regierungsbezirk	Bodenklasse IV										Bodenklasse IV/V									Bodenklasse V	
		Altersklassen										Altersklassen									Altersklassen	
		121—140		101—120		81—100		61—80		41—60		über 140		121—140		101—120		81—100		101—120	
		jährige Bestände										jährige Bestände									jährige Bestände	
		Alter	Preis	Alter	Preis	Alter	Preis	Alter	Preis	Alter	Preis	Alter	Preis	Alter	Preis	Alter	Preis	Alter	Preis	Alter	Preis
		9										10								11	
1	Gumbinnen	.	.	.	.	.	.	.	.	.	.	.	.	.	.	.	.	.	.	.	.
2	Allenstein	.	.	.	.	.	.	.	.	.	.	.	.	.	.	.	.	.	.	.	.
3	Stralsund	.	.	.	.	.	.	.	.	.	.	.	.	.	.	.	.	.	.	.	.
4	Breslau m. Liegnitz	.	.	110	9,2	.	.	.	.	.	.	.	.	.	.	110	9,2	.	.	.	.
5	Merseburg	.	.	.	.	.	.	.	.	.	.	.	.	.	.	.	.	.	.	.	.
6	Erfurt	138	14,1	.	.	88	22,0	78	19,0	.	.	.	.	122	17,7	.	.	.	.	.	.
7	Schleswig	.	.	.	.	.	.	.	.	54	7,9	.	.	.	.	.	.	.	.	.	.
8	Hannover m. Osnabrück	.	.	.	.	.	.	.	.	.	.	.	.	.	.	.	.	.	.	.	.
9	Hildesheim	.	.	.	.	86	17,2	.	.	.	.	.	.	.	.	.	.	.	.	101	16,4
10	Lüneburg	.	.	.	.	.	.	.	.	.	.	.	.	.	.	.	.	.	.	.	.
11	Stade m. Aurich	.	.	.	.	.	.	.	.	.	.	.	.	.	.	.	.	.	.	.	.
12	Minden m. Münster	.	.	.	.	.	.	.	.	44	19,0	.	.	.	.	.	.	.	.	.	.
13	Arnsberg	.	.	.	.	.	.	.	.	.	.	.	.	.	.	.	.	.	.	.	.
14	Kassel	.	.	.	.	.	.	.	.	.	.	.	.	.	.	.	.	.	.	.	.
15	Wiesbaden	.	.	.	.	.	.	.	.	.	.	.	.	.	.	.	.	.	.	.	.
16	Koblenz	.	.	.	.	.	.	.	.	.	.	.	.	.	.	.	.	.	.	.	.
17	Köln	.	.	.	.	.	.	.	.	.	.	.	.	.	.	.	.	.	.	.	.
18	Trier	.	.	.	.	98	16,2	.	.	.	.	.	.	.	.	.	.	.	.	.	.
19	Aachen	.	.	.	.	93	15,4	.	.	.	.	.	.	.	.	.	.	.	.	.	.
	Zusammen 1926:	138	14,1	110	9,2	365	70,8	78	19,0	98	26,9	.	.	122	17,7	110	9,2	.	.	101	16,4
	Arithmetisches Mittel 1926:	138	14,1	110	9,2	91	17,7	78	19,0	49	13,5	.	.	122	17,7	110	9,2	.	.	101	16,4
	Arithmetisches Mittel 1925:	130	18,8	111	24,0	90	22,1	.	.	.	.	.	.	.	.	112	17,8	90	23,1	115	15,5
	„ „ 1924:	126	18,0	116	19,8	92	18,1	.	.	60	21,3	165	17,5	.	.	117	15,4	.	.	.	.

Tafel 11b.
Zusammenstellung der in Preußen im Rechnungsjahre 1926 ausgegebenen Jagdscheine.

Lfd. Nr.	Provinz	Jahres-	Tages-	Ausländer- Jahres-	Ausländer- Tages-	Doppel-ausfertigungen	unentgeltliche	Zusammen Jahres- und unentgeltl.	Zusammen Tages-
		Jagdscheine						Jagdscheine	
1	2	3	4	5	6	7	8	9	10
1	Ostpreußen	12 047	2 159	8	3	71	429	12 484	2 162
2	Grenzmark Posen-Westpreußen	2 419	240	.	1	18	188	2 607	241
3	Brandenburg, einschl. Stadtbezirk Berlin	18 172	2 406	6	7	115	435	18 613	2 413
4	Pommern	9 226	1 150	6	2	69	666	9 898	1 152
5	Niederschlesien	11 712	1 907	2	13	92	286	12 000	1 920
6	Oberschlesien	3 678	632	19	4	37	79	3 776	636
7	Sachsen	20 088	5 476	1	1	102	276	20 365	5 477
8	Hannover	21 828	4 013	16	22	109	451	22 295	4 035
9	Schleswig-Holstein	12 495	1 946	4	7	73	125	12 624	1 953
10	Westfalen	15 537	1 915	10	3	71	354	15 901	1 918
11	Hessen-Nassau	8 110	749	3	5	35	388	8 501	754
12	Rheinprovinz	22 175	1 492	61	35	97	443	22 679	1 527
13	Hohenzollernsche Lande	592	36	.	.	.	52	644	36
	im ganzen	158 079	24 121	136	103	889	4 172	162 387	24 224

Tafel 18b.
Zusammenstellung der in den Staatsforsten beim Forst- und Jagdschutze vorgekommenen Tötungen und Verwundungen in den Forstwirtschaftsjahren 1923 bis 1927.

Jahr	Forstbeamte wurden durch Wildbiebe und Forstfrevler getötet	schwer verwundet	leicht verwundet	Summe der Fälle	Bei der Ausübung des Forst- und Jagdschutzes in den staatlichen Forsten wurden außerdem Personen, die nicht dem zum Waffengebrauche berechtigten Forstschutzpersonale angehörten, getötet	schwer verwundet	leicht verwundet	Summe der Fälle	Vom Forstschutzpersonale wurden durch Wildbiebe und Forstfrevler zusammen getötet	schwer verwundet	leicht verwundet	Summe der Fälle	Wildbiebe und Forstfrevler wurden durch Forstbeamte bei gerechtfertigtem Waffengebrauch getötet	schwer verwundet	leicht verwundet	Summe der Fälle
1	2	3	4	5	6	7	8	9	10	11	12	13	14	15	16	17
1923	.	2	.	2	.	.	.	.	.	2	.	2	4	.	1	5
1924	1	2	.	3	.	.	.	.	1	2	.	3	6	.	1	7
1925	.	.	.	.	.	.	.	.	.	.	1	1	.	.	1	2
1926	2	.	.	2	1	.	.	1	3	.	.	3	1	2	1	4
1927	.	.	.	.	.	.	.	.	.	.	.	.	2	.	2	4

Jahr	Wildbiebe und Forstfrevler wurden durch Forstbeamte bei ungerechtfertigtem Waffengebrauch getötet	schwer verwundet	leicht verwundet	Summe der Fälle	Wildbiebe und Forstfrevler wurden durch Personen, die mit Ausübung des Forst- und Jagdschutzes in den staatlichen Forsten betraut waren, aber nicht dem zum Waffengebrauch berechtigten Forstschutzpersonale angehörten, in der Notwehr getötet	schwer verwundet	leicht verwundet	Summe der Fälle	ungerechtfertigt getötet	schwer verwundet	leicht verwundet	Summe der Fälle	Wildbiebe und Forstfrevler wurden zusammen getötet	schwer verwundet	leicht verwundet	Summe der Fälle
	18	19	20	21	22	23	24	25	26	27	28	29	30	31	32	33
1923	.	.	.	.	.	.	.	.	.	.	.	.	4	.	1	5
1924	.	.	.	.	.	.	.	.	.	.	.	.	6	.	1	7
1925	.	.	.	.	.	.	.	.	.	.	.	.	.	.	1	1	2
1926	.	.	.	.	.	.	.	.	.	.	.	.	1	2	1	4
1927	.	.	.	.	.	.	.	.	.	.	.	.	2	.	2	4

Tafel

Nachweisung der Forst-, Jagd- und Fischereifrevel

Laufende Nummer	Regierungsbezirk	Zahl der zur Anzeige gebrachten											
		Diebstähle an aufgearbeitetem Holze		Vergehen gegen das Forstdiebstahlsgesetz		Forstpolizei-übertretungen		Jagdvergehen und -übertretungen		Fischerei-vergehen		Fälle der Widersetzlichkeit gegen Forstbeamte	
		im ganzen	für 100 ha der Gesamtfläche	im ganzen	für 100 ha der Gesamtfläche	im ganzen	für 100 ha der Gesamtfläche	im ganzen	für 100 ha der Gesamtfläche	im ganzen	für 100 ha der Gesamtfläche	im ganzen	für 100 ha der Gesamtfläche
1	2	3	4	5	6	7	8	9	10	11	12	13	14
1	Königsberg m. Marienwerder	67	0,05	458	0,33	418	0,30	14	0,01	24	0,02	3	.
2	Gumbinnen	101	0,07	405	0,29	181	0,13	26	0,02	10	0,01	7	0,01
3	Allenstein	92	0,04	663	0,28	672	0,28	29	0,01	63	0,03	11	.
4	Schneidemühl	38	0,03	91	0,07	193	0,15	13	0,01	25	0,02	2	.
5	Potsdam	39	0,02	502	0,23	622	0,29	24	0,01	26	0,01	2	.
6	Frankfurt a. d. O.	28	0,01	273	0,12	369	0,17	10	.	28	0,01	2	.
7	Stettin	29	0,02	647	0,53	400	0,33	22	0,02	12	0,01	4	.
8	Köslin	25	0,02	127	0,12	152	0,14	10	0,01	12	0,01	5	.
9	Stralsund	9	0,03	74	0,26	111	0,39	1	.	.	.	1	.
10	Breslau m. Liegnitz	19	0,02	206	0,27	71	0,09	2	.	32	0,04	7	0,01
11	Oppeln	18	0,02	655	0,70	262	0,28	10	0,01	1	.	6	0,01
12	Magdeburg	13	0,02	321	0,48	157	0,23	9	0,01	21	0,03	3	.
13	Merseburg	28	0,04	178	0,23	208	0,27	15	0,02	10	0,01	1	.
14	Erfurt	21	0,05	280	0,69	462	1,14	3	0,01	6	0,01	5	0,01
15	Schleswig	14	0,05	35	0,11	15	0,05	2	0,01	.	.	.	.
16	Hannover m. Osnabrück	11	0,03	125	0,32	50	0,13	5	0,01	.	.	.	.
17	Hildesheim	21	0,02	344	0,33	106	0,10	8	0,01	3	.	6	0,01
18	Lüneburg	6	0,01	64	0,08	129	0,16	9	0,01	.	.	1	.
19	Stade m. Aurich	6	0,03	16	0,07	15	0,07	2	0,01	.	.	.	.
20	Minden m. Münster	10	0,03	130	0,36	150	0,42	6	0,02	9	0,02	3	0,01
21	Arnsberg	4	0,02	48	0,19	51	0,20	11	0,04	1	.	.	.
22	Kassel	58	0,03	1052	0,51	382	0,19	19	0,01	21	0,01	6	.
23	Wiesbaden	24	0,04	274	0,51	221	0,41	16	0,03	77	0,14	1	.
24	Koblenz	10	0,03	125	0,40	80	0,25	4	0,01	.	.	1	.
25	Düsseldorf	15	0,08	42	0,24	22	0,12	2	0,01	14	0,08	1	.
26	Köln	10	0,07	105	0,72	36	0,25	6	0,04	1	0,01	2	0,01
27	Trier	19	0,04	284	0,63	229	0,51	4	0,01	1	.	2	.
28	Aachen	14	0,06	140	0,55	68	0,27	6	0,02	.	.	3	0,01
	Zusammen 1926:	749	0,03	7664	0,32	5832	0,24	288	0,01	397	0,02	85	.
	Zusammen 1925:	909	0,04	10478	0,44	6391	0,27	327	0,01	295	0,01	86	.
	„ 1924:	1529	0,06	25788	1,08	7941	0,33	275	0,01	257	0,01	145	0,01

19 b.
in den Staatsforsten im Kalenderjahre 1926.

Zahl der zur Verurteilung gelangten													Zahl der Bestrafungen wegen Waldbrandstiftung	Bemerkungen
Diebstähle an aufgearbeitetem Holze		Vergehen gegen das Forstdiebstahlsgesetz		Forstpolizeiübertretungen		Jagdvergehen und -übertretungen		Fischereivergehen		Fälle der Widersetzlichkeit gegen Forstbeamte				
im ganzen	für 100 ha der Gesamtfläche	im ganzen	für 100 ha der Gesamtfläche	im ganzen	für 100 ha der Gesamtfläche	im ganzen	für 100 ha der Gesamtfläche	im ganzen	für 100 ha der Gesamtfläche	im ganzen	für 100 ha der Gesamtfläche		
15	16	17	18	19	20	21	22	23	24	25	26	27	28
56	0,04	427	0,31	380	0,28	7	0,01	3	.	1	.	.	
62	0,04	354	0,26	157	0,11	18	0,01	8	0,01	5	.	.	
85	0,04	616	0,26	650	0,27	22	0,01	59	0,02	10	.	1	
23	0,02	80	0,06	190	0,15	10	0,01	25	0,02	2	.	.	
32	0,01	472	0,22	611	0,29	16	0,01	23	0,01	2	.	.	
24	0,01	264	0,12	345	0,16	10	.	28	0,01	2	.	1	
24	0,02	626	0,52	380	0,31	23	0,02	11	0,01	4	.	.	
16	0,02	110	0,10	146	0,14	17	0,02	11	0,01	4	.	.	
9	0,03	71	0,25	98	0,34	.	.	.	.	1	.	1	
16	0,02	203	0,27	69	0,09	2	.	32	0,04	6	0,01	1	
16	0,02	537	0,58	254	0,27	9	0,01	.	.	4	.	.	
10	0,01	280	0,42	151	0,23	8	0,01	21	0,03	3	.	.	
18	0,02	168	0,22	203	0,26	14	0,02	10	0,01	1	.	.	
17	0,04	267	0,66	452	1,11	2	.	5	0,01	3	0,01	.	
11	0,04	32	0,10	15	0,05	2	0,01	.	.	.	.	.	
10	0,03	115	0,30	47	0,12	4	0,01	.	.	.	.	.	
12	0,01	321	0,31	95	0,09	6	0,01	1	.	5	.	.	
5	0,01	63	0,08	118	0,14	4	.	.	.	1	.	.	
.	.	7	0,03	10	0,04	1	.	.	.	.	.	.	
7	0,02	125	0,35	141	0,39	4	0,01	7	0,02	3	0,01	.	
4	0,02	45	0,18	45	0,18	8	0,03	1	.	.	.	.	
26	0,01	1012	0,50	363	0,18	15	0,01	19	0,01	4	.	1	
18	0,03	266	0,50	197	0,37	11	0,02	63	0,12	1	.	.	
8	0,03	112	0,35	73	0,23	4	0,01	.	.	1	.	.	
4	0,02	41	0,23	9	0,05	.	.	6	0,03	.	.	.	
8	0,06	95	0,65	35	0,24	7	0,05	1	0,01	1	0,01	.	
14	0,03	232	0,52	158	0,35	2	.	1	.	1	.	.	
16	0,06	123	0,48	53	0,21	3	0,01	.	.	1	.	.	
551	0,02	7064	0,29	5445	0,23	229	0,01	335	0,01	66	.	5	
708	0,03	10341	0,43	5964	0,25	236	0,01	261	0,01	72	.	6	
1313	0,05	24790	1,04	7238	0,30	244	0,01	244	0,01	111	.	3	

Tafel 34a. Nachweisung über den Wildabschuß und die Erträge

Durch Verwaltungsbeschluß sind
(Die schrägen Zahlen geben das Fall-

Laufende Nummer	Regierungsbezirk	Elchwild			Rotwild			Damwild			Rehe			Sauen	Auerwild	Birkwild	Fasanen	Haselwild	Dachse	Füchse	Hasen	Kaninchen	Enten	Rebhühner
		Hirsche	Mutterwild	Kälber	Hirsche	Mutterwild	Kälber	Hirsche	Mutterwild	Kälber	Böcke	Ricken	Kitze											
1	2	3	4	5	6	7	8	9	10	11	12	13	14	15	16	17	18	19	20	21	22	23	24	25
1	Königsberg m. Marienw.	4 *(5)*	.	. *(3)*	16 *(3)*	36 *(14)*	16 *(8)*	7 *(1)*	25	17 *(1)*	325 *(51)*	218 *(120)*	146 *(63)*	58 *(4)*	.	8	10	6	2	100	1609 *(3)*	2	443	23
2	Gumbinnen	6 *(1)*	.	. *(7)*	88 *(16)*	91 *(10)*	77 *(42)*	2	5	4	287 *(67)*	262 *(124)*	86 *(158)*	122 *(5)*	.	8	.	1	2 *(1)*	132	2146 *(8)*	.	469	49
3	Allenstein	.	.	.	27 *(5)*	48 *(7)*	20 *(4)*	.	.	.	424 *(44)*	287 *(52)*	105 *(33)*	100 *(6)*	.	17	.	9	1	191	3883 *(10)*	3	2000	119
4	Schneidemühl	.	.	.	33 *(20)*	111 *(9)*	57	.	.	.	244 *(17)*	214 *(19)*	78 *(23)*	68 *(7)*	10	3	.	.	.	81	2245 *(14)*	1225	371	.
5	Potsdam	.	.	.	83 *(13)*	150 *(7)*	61 *(7)*	75 *(13)*	162 *(13)*	101 *(4)*	318 *(23)*	452 *(41)*	107 *(21)*	192 *(9)*	.	3	1	.	.	135 *(1)*	2284 *(3)*	659	499	71
6	Frankfurt a. d. O.	.	.	.	78 *(15)*	122 *(12)*	65 *(3)*	.	.	.	436 *(24)*	415 *(33)*	77 *(8)*	346 *(9)*	7	6	11	.	1	64	2291	433	325	53
7	Stettin	.	.	.	69 *(14)*	119 *(5)*	68 *(5)*	10	16 *(2)*	9	285 *(16)*	251 *(39)*	83 *(7)*	142 *(10)*	.	.	6	.	2	46	665 *(4)*	75	376	37
8	Köslin	.	.	.	34	113 *(4)*	43	.	.	.	160 *(28)*	199 *(20)*	30 *(7)*	199 *(6)*	5	.	1	.	.	98 *(1)*	1494 *(12)*	173	298 *(4)*	29
9	Stralsund	.	.	.	52 *(8)*	75 *(3)*	54 *(4)*	2	10	8	99 *(10)*	87 *(32)*	38 *(57)*	102 *(3)*	.	.	10	.	.	9 *(1)*	288	1	33	3
10	Breslau m. Liegnitz	.	.	.	28 *(1)*	33 *(4)*	19	1	8	3	197 *(11)*	257 *(20)*	1 *(19)*	5	2	10	114	.	.	52	2403 *(3)*	256	263	50
11	Oppeln	.	.	.	14 *(5)*	17 *(2)*	7 *(1)*	8	13	11	125 *(14)*	53 *(12)*	12 *(3)*	52 *(1)*	.	26	81	.	.	28	1719 *(7)*	246	105	79
12	Magdeburg	.	.	.	21	21 *(3)*	11	22 *(1)*	30	18	201 *(15)*	241 *(20)*	96 *(11)*	95 *(4)*	.	.	4	.	.	44	1130 *(1)*	153	126	45
13	Merseburg	.	.	.	52 *(1)*	103 *(1)*	36 *(1)*	.	2	1	200 *(12)*	247 *(21)*	1 *(8)*	14	9	.	18	.	.	28	1161 *(6)*	238	100	52
14	Erfurt	.	.	.	3 *(1)*	12	1	.	.	.	40 *(3)*	35 *(11)*	11 *(1)*	.	4	.	.	.	.	2	281 *(4)*	2	.	8
15	Schleswig	.	.	.	6 *(3)*	17	6	6 *(3)*	15	8	77 *(12)*	137 *(20)*	. *(4)*	.	.	.	13	.	.	26	980	245	23	.
16	Hannover m. Osnabrück	.	.	.	4 *(1)*	2	2	3	4	3 *(1)*	67 *(4)*	82 *(14)*	. *(3)*	16	.	.	7	.	.	49	1360 *(4)*	127	17	7
17	Hildesheim	.	.	.	138 *(7)*	195 *(8)*	175 *(10)*	.	.	.	163 *(9)*	111 *(13)*	4 *(7)*	37 *(1)*	.	.	1	.	.	34 *(1)*	355 *(1)*	1	12	.
18	Lüneburg	.	.	.	31 *(2)*	36	19 *(1)*	.	.	.	188 *(10)*	161 *(22)*	2 *(10)*	57	.	3	.	.	.	18	946 *(2)*	97	43	.
19	Stade m. Aurich	.	.	.	.	.	.	.	.	.	57 *(4)*	67 *(5)*	4 *(1)*	.	.	.	3	.	1	18	804 *(1)*	11	6	19
20	Minden m. Münster	.	.	.	11 *(3)*	14 *(2)*	10 *(1)*	.	.	.	115 *(8)*	52 *(25)*	15 *(5)*	35	.	.	20	.	.	44	1013 *(5)*	84	.	4
21	Arnsberg	.	.	.	4 *(1)*	27 *(1)*	8 *(3)*	.	.	.	56 *(7)*	21 *(12)*	1 *(1)*	31 *(1)*	1	3	1	1	.	15	117 *(1)*	2	8	3
22	Kassel	.	.	.	79 *(12)*	159 *(7)*	68 *(3)*	.	.	.	617 *(45)*	484 *(45)*	17 *(10)*	136 *(19)*	13 *(1)*	.	.	.	1 *(3)*	119 *(2)*	1965 *(9)*	6	47	15
23	Wiesbaden	.	.	.	12	8 *(1)*	7 *(1)*	1	.	.	150 *(13)*	58 *(14)*	. *(5)*	52 *(4)*	.	.	.	.	.	37	611	2	5	10
24	Koblenz	.	.	.	7 *(2)*	10 *(4)*	5 *(2)*	.	.	.	52 *(1)*	. *(3)*	.	61	.	.	.	.	1	26	271	26	.	3
25	Düsseldorf	.	.	.	6	11 *(1)*	4 *(1)*	.	.	.	5	. *(1)*	. *(1)*	.	.	.	8	.	.	7	346 *(1)*	9	69	1
26	Köln	.	.	.	.	.	.	.	.	.	1	. *(3)*	.	18 *(3)*	.	.	7	.	.	11	202	77	2	31
27	Trier	.	.	.	24 *(3)*	43 *(1)*	3 *(2)*	.	.	.	44 *(1)*	. *(3)*	. *(3)*	172	.	.	.	.	.	19	191	.	.	.
28	Aachen	.	.	.	5	8	2	.	.	.	30 *(2)*	.	.	65 *(1)*	.	.	1	.	.	26	198 *(1)*	42	20	.
	Zusammen 1926:	10 *(6)*	. *(3)*	. *(10)*	925 *(136)*	1581 *(105)*	844 *(98)*	137 *(15)*	290 *(18)*	183 *(6)*	4963 *(449)*	4391 *(746)*	914 *(470)*	2175 *(92)*	51 *(2)*	87	317	19 *(5)*	9 *(5)*	1459	32958 *(109)*	4195	5660 *(4)*	711
	1925:	1 *(9)*	. *(12)*	. *(16)*	878 *(165)*	1329 *(118)*	730 *(82)*	135 *(22)*	302 *(29)*	184 *(14)*	4493 *(362)*	3410 *(684)*	598 *(619)*	2411 *(619)*	53 *(1)*	72	505	20	50 *(4)*	1546 *(2)*	60405 *(132)*	5809	7747	1163
	1924:	1 *(4)*	1 *(6)*	. *(6)*	698 *(136)*	964 *(85)*	557 *(48)*	136 *(12)*	241 *(21)*	144 *(3)*	3270 *(266)*	2807 *(684)*	295 *(252)*	1209 *(55)*	30 *(1)*	52	168	23	175 *(3)*	1490 *(5)*	41154 *(128)*	4073 *(1)*	4832	930 *(1)*

Anmerkung: Wildbeeten, Gehörne und Geweihe, Abwurfstangen, Tauben, Bläßhühner usw. sowie 1 Biber (Fallwild) sind in diese Nachweisung nicht aufgenommen worden.

aus der Jagd in den Staatsforsten im Rechnungsjahre 1926.

erlegt:
wild an.)

								Isteinnahme						Istausgabe					
Brachvögel	Schnepfen und Bekassinen	Wölfe	Marder	Iltisse	Wildkatzen	Muffelböcke	Muffelschafe	Für das durch Verwaltungsbeschuß erlegte Wild sind an die Forstkasse gezahlt		Für verpachtete Jagden sind eingekommen		Zusammen		Für angepachtete Jagden sind verausgabt		Sonstige Jagdverwaltungskosten		Zusammen		Reinertrag	
								RM	Rpf	RM	Rpf	RM	Rpf	RM	Rpf	RM	Rpf	RM	Rpf	RM	Rpf
26	27	28	29	30	31	32	33	34		35		36		37		38		39		40	
.	1260	1	1	.	.	.	.	35524	10	15555	56	51079	66	2607	45	13868	22	16475	67	34603	99
.	836	.	.	.	.	.	.	52263	04	684	05	52947	09	8182	66	25751	56	33934	22	19012	87
.	472	3	1	1	1	.	.	57269	40	1158	12	58427	52	3781	50	15471	07	19252	57	39174	95
.	169	.	1	.	.	.	.	45040	35	337	78	45378	13	4425	85	12754	48	17180	33	28207	80
.	315	.	.	.	.	.	.	72186	56	8124	14	80310	70	6940	81	33895	39	40836	20	39474	50
.	287	.	.	.	.	.	.	65074	88	5134	56	70209	44	3543	76	19924	29	23468	05	46741	39
.	349	.	5	1	.	.	.	41789	64	1132	71	42922	35	4384	80	5589	57	9974	37	32947	98
.	281	.	4	1	.	.	.	40234	93	383	17	40618	10	1101	84	8849	12	9950	96	30667	14
.	641	.	.	.	.	.	.	24514	18	105	.	24619	18	270	.	4458	46	4728	46	19890	72
.	140	.	.	.	.	.	.	31694	93	5491	33	37186	26	4153	33	11884	53	16037	86	21148	40
.	270	.	.	.	.	.	.	19852	20	1669	09	21521	29	610	19	12557	23	13167	42	8353	87
.	104	.	.	.	.	.	.	29862	06	3780	44	33642	50	1582	37	4874	75	6457	12	27185	38
.	76	.	.	.	1	.	.	32501	83	7677	22	40179	05	2344	46	6426	93	8771	39	31407	66
.	30	.	.	1	.	.	.	4057	85	1151	55	5209	40	1551	69	1013	94	2565	63	2643	77
.	220	.	.	3	.	.	.	12690	91	6194	08	18884	99	580	40	3635	04	4215	44	14669	55
.	51	.	.	.	.	.	.	12859	06	2647	37	15506	43	612	38	10794	83	11407	21	4099	22
.	44	.	.	.	.	.	.	42916	81	339	95	43256	76	642	87	30904	71	31547	58	11709	18
.	122	.	.	.	.	2	1	21448	85	6055	14	27503	99	515	84	7906	87	8422	71	19081	28
.	173	.	.	.	.	.	.	7077	46	2481	70	9559	16	158	11	2621	75	2779	86	6779	30
.	.	.	.	.	.	.	.	14322	02	4571	83	18893	85	536	95	4196	97	4733	92	14159	93
.	34	.	.	.	.	.	.	6095	75	8536	75	14632	50	1008	59	1682	85	2691	44	11941	06
.	208	.	.	.	.	.	.	55872	58	15710	34	71582	92	10511	53	25686	47	36198	.	35384	92
.	117	.	.	.	.	.	.	11681	08	8437	98	20119	06	3200	60	5073	87	8274	47	11844	59
.	42	.	.	.	.	.	.	6835	10	3620	52	10455	62	492	76	1555	10	2047	86	8407	76
.	26	.	.	.	.	.	.	3305	50	7513	78	10819	28	773	57	749	52	1523	09	9296	19
.	32	.	.	.	.	.	.	1718	20	11595	49	13313	69	747	60	730	88	1478	48	11835	21
.	13	.	.	.	.	.	.	14376	31	4856	24	19232	55	119	80	10839	84	10959	64	8272	91
.	41	.	2	2	.	.	.	5556	52	9599	72	15156	24	1290	80	2764	25	4055	05	11101	19
.	6353	4	14	9	2	2	1	768622	10	144545	61	913167	71	66672	51	286462	49	353135	.	560032	71
269	3084	3	32	10	6	2	.	780991	21	109419	10	890410	31	57354	38	308064	86	365419	24	524991	07
58	2823	2	33	1	6	2	.	491203	86	78200	30	569404	16	43109	04	192605	07	235714	11	333690	05
	1		1			3															

Tafel
Nachweisung des Holzertrages

Laufende Nummer	Regierungsbezirk	Holz-boden ha	Fällungsergebnis im ganzen und Nutz-								Ge-
			Derbholz				Nichtderbholz				
			Bau- und Nutzholz	Brenn-holz	Summe (Sp. 4+5)	für 1 ha Holz-boden	Reisig			Stock-holz	Bau- und Nutzholz (Sp. 4+8)
							Nutz-holz	Brenn-holz	Summe (Sp. 8+9)		
		ha	Festmeter				Festmeter				Fest-
1	2	3	4	5	6	7	8	9	10	11	12
1	Königsberg mit Marienwerder	104201	164870	215719	380589	3,65	6269	45604	51873	10866	171139
2	Gumbinnen	106880	170920	258848	429768	4,02	914	41013	41927	3994	171834
3	Allenstein	193713	402816	200883	603699	3,12	376	70766	71142	10925	403192
4	Schneidemühl	115654	410881	146729	557610	4,82	503	83085	83588	6179	411384
5	Potsdam	193269	530548	425075	955623	4,94	4029	75355	79384	11125	534577
6	Frankfurt a. d. O.	202563	966433	377048	1343481	6,63	2820	74993	77813	2137	969253
7	Stettin	108824	355066	223638	578704	5,32	403	45118	45521	3038	355469
8	Köslin	92371	119431	131461	250892	2,72	172	44838	45010	1371	119603
9	Stralsund	25457	54715	63564	118279	4,65	740	11483	12223	204	55455
10	Breslau mit Liegnitz	70106	219716	118202	337918	4,82	4236	22110	26346	7829	223952
11	Oppeln	86920	162254	68513	230767	2,65	487	12374	12861	6190	162741
12	Magdeburg	60123	129373	70281	199654	3,32	392	37072	37464	1962	129765
13	Merseburg	70040	197423	119837	317260	4,53	1230	58212	59442	2978	198653
14	Erfurt	39099	149066	68755	217821	5,57	3611	30829	34440	1815	152677
15	Schleswig	27457	70172	65236	135408	4,93	525	33833	34358	270	70697
16	Hannover mit Osnabrück	35856	126025	50567	176592	4,93	516	21892	22408	325	126541
17	Hildesheim	99671	356027	205944	561971	5,64	3262	63263	66525	7290	359289
18	Lüneburg	76460	179680	67461	247141	3,23	972	26701	27673	828	180652
19	Stade mit Aurich	20131	63669	14561	78230	3,89	2307	6750	9057	21	65976
20	Minden mit Münster	34468	131473	62954	194427	5,64	3615	30504	34119	119	135088
21	Arnsberg	24483	74830	30417	105247	4,30	2721	7995	10716	2	77551
22	Kassel	197214	467137	382844	849981	4,31	9169	241688	250857	4974	476306
23	Wiesbaden	51842	96506	121445	217951	4,20	1886	40052	41938	64	98392
24	Koblenz	30837	79346	43203	122549	3,97	3539	19270	22809	73	82885
25	Düsseldorf	15833	28469	12875	41344	2,61	1358	5593	6951	4	29827
26	Köln	13520	30430	10332	40762	3,01	1324	3252	4576	10	31754
27	Trier	43822	76685	67822	144507	3,30	1669	13515	15184	20	78354
28	Aachen	24682	51488	16204	67692	2,74	3930	5139	9069	10	55418
	Zusammen 1926:	2165496	5865449	3640418	9505867	4,39	62975	1172299	1235274	84623	5928424
	1925:	2146620	7152069	3211301	10363370	4,83	55666	1303025	1358691	112614	7207735
	1924:	2058652	6040957	3529196	9570153	4,65	33497	1363566	1397063	196993	6074454

37 c.
der Staatsforsten im Forstwirtschaftsjahre 1926.

Holzausbeute v. H.					Ausscheidung des Nutzderbholzes nach den Haupholzarten									
samte Holzmasse			Nutzholz		Laubholz								Nadelholz	
								hierunter						
								Eichen			Rotbuchen			
Brennholz (Sp. 5 + 9 + 11)	Summe (Sp. 12 + 13)	für 1 ha Holzboden	v. H. der Derbholzmasse (Sp. 4·100 / Sp. 6)	v. H. der gesamten Holzmasse (Sp. 12·100 / Sp. 14)	Gesamtanfall an Laubderbholz	hierunter Nutzholz		Anfall an Derbholz	hierunter Nutzholz		Anfall an Derbholz	hierunter Nutzholz		Gesamtanfall an Nadelderbholz	hierunter Nutzholz	
						im ganzen	v. H.		im ganzen	v. H.		im ganzen	v. H.		im ganzen	v. H.
meter					Festmeter			Festmeter			Festmeter			Festmeter	
13	14	15	16	17	18	19	20	21	22	23	24	25	26	27	28	29
272189	443328	4,25	43	39	191596	47784	25	28373	18299	64	12676	3543	28	188993	117086	62
303855	475689	4,45	40	36	165701	25979	16	15611	9908	63	4099	365	9	264067	144941	55
282574	685766	3,54	67	59	65229	16197	25	12701	6542	52	8683	2296	26	538470	386619	72
235993	647377	5,60	74	64	12870	3917	30	2355	1278	54	3353	923	28	544740	406964	75
511555	1046132	5,41	56	51	92499	21139	23	18400	6137	33	46817	9063	19	863124	509409	59
454178	1423431	7,03	72	68	35851	11871	33	11262	5042	45	12730	3178	25	1307630	954562	73
271794	627263	5,76	61	57	115932	35376	31	27256	12116	44	64705	18344	28	462772	319690	69
177670	297273	3,22	48	40	73444	20075	27	15424	7090	46	41369	9478	23	177448	99356	56
75251	130706	5,13	46	42	69794	22629	32	21307	9943	47	38274	11910	31	48485	32086	66
148141	372093	5,31	65	60	59198	25189	43	30293	14176	47	14938	6936	46	278720	194527	70
87077	249818	2,87	70	65	11868	4276	36	5184	2618	51	1404	453	32	218899	157978	72
109315	239080	3,98	65	54	83141	35709	43	40355	18466	46	24710	10412	42	116513	93664	80
181027	379680	5,42	62	52	86385	35135	41	30883	13835	45	42249	15413	36	230875	162288	70
101399	254076	6,50	68	60	68730	26175	38	5628	2570	46	61442	22634	37	149091	122891	82
99339	170036	6,19	52	42	92531	39113	42	15947	10250	64	72334	26371	36	42877	31059	72
72784	199325	5,56	71	63	73075	37059	51	14695	9215	63	56425	27043	48	103517	88966	86
276497	635786	6,38	63	57	235950	83065	35	19582	9894	51	214369	72395	34	326021	272962	84
94990	275642	3,61	73	66	53410	22771	43	19697	11172	57	19247	5741	30	193731	156909	81
21332	87308	4,34	81	76	18885	10915	58	9876	7743	78	7619	2733	36	59345	52754	89
93577	228665	6,63	68	59	126049	65773	52	17342	9944	57	105192	54532	52	68378	65700	96
38414	115965	4,74	71	67	60115	30152	50	8454	6280	74	50864	23590	46	45132	44678	99
629506	1105812	5,61	55	43	465113	142492	31	73812	33045	45	382521	107082	28	384868	324645	84
161561	259953	5,01	44	38	143760	32349	23	20383	10050	49	121409	20083	17	74191	64157	86
62546	145431	4,72	65	57	50334	12422	25	12340	6075	49	35669	5968	17	72215	66924	93
18472	48299	3,05	69	62	22594	11768	52	13367	7837	59	7773	3295	42	18750	16701	89
13594	45348	3,35	75	70	22278	12462	56	8449	5868	69	12727	6253	49	18484	17968	97
81357	159711	3,64	53	49	94652	28900	31	13961	6757	48	79346	21316	27	49855	47785	96
21353	76771	3,11	76	72	25986	10266	40	7714	4391	57	17425	5493	32	41706	41222	99
4897340	10825764	5,00	62	55	2616970	870958	33	520651	266541	51	1560369	496843	32	6888897	4994491	73
4626940	11834675	5,51	69	61	2208070	708214	32	436293	224663	51	1418807	418691	30	8155300	6443855	79
5089755	11164209	5,42	63	54	2862753	940977	33	609364	321993	53	1631809	485346	30	6707400	5099980	76

Tafel 38 b.
Übersicht des Holzertrags und des Sortenverhältnisses in den Staatsforsten für die Forstwirtschaftsjahre 1924 bis 1926.

Forstwirtschaftsjahr	Rechnungsmäßiger Ist-Einschlag											Zur Holzzucht bestimmte Fläche
	Bau- und Nutzholz			Brennholz				Summe Bau-, Nutz- u. Brennholz (Spalte 4+8)	Darunter sind enthalten			
	Derbholz einschl. Nutzrinde	Reisig	Zusammen (Spalte 2+3)	Derbholz	Stockholz	Reisig	Zusammen (Spalte 5+6+7)		Derbholz einschl. Nutzrinde (Spalte 2+5)	Reisig (Spalte 3+7)		
	Festmeter											Hektar
1	2	3	4	5	6	7	8	9	10	11		12
1924	6 040 957	33 497	6 074 454	3 529 196	196 993	1 363 566	5 089 755	11 164 209	9 570 153	1 397 063		2 058 652 (ohne besetztes Gebiet)
1925	7 152 069	55 666	7 207 735	3 211 301	112 614	1 303 025	4 626 940	11 834 675	10 363 370	1 358 691		2 146 620
1926	5 865 449	62 975	5 928 424	3 640 418	84 623	1 172 299	4 897 340	10 825 764	9 505 867	1 235 274		2 165 496

Fortsetzung der Tafel 38b.

Die Abnutzung hat für 1 ha der Holzbodenfläche betragen										Von dem Derbholz-Einschlage entfallen									Forstwirtschaftsjahr
Bau- und Nutzholz			Brennholz							auf das kontrollfähige Holz							auf das nicht kontrollfähige Holz des Mittel- und Niederwaldes		
										vom Hoch- und Plenterwalde				v. Mittelwalde					
										Hauptnutzung		Vornutzung							
Derbholz einschl. Nutzrinde	Reisig	Zusammen (Spalte 13+14)	Derbholz	Stockholz	Reisig	Summe (Spalte 16, 17+18)	Summe Bau-, Nutz- u. Brennholz (Spalte 15+19)	Derb-, Nutz- u. Brennholz (Spalte 13+16)	Reisig-, Nutz- u. Brennholz (Spalte 14+18)	Festmeter	v.H. des gesamten kontrollfähigen Holzes	Festmeter	v.H. des gesamten kontrollfähigen Holzes	v.H. der Hauptnutzung	Festmeter	v.H. des gesamten kontrollfähigen Holzes	Zusammen (Spalte 23+25+28)	Festmeter	
										Festmeter									
13	14	15	16	17	18	19	20	21	22	23	24	25	26	27	28	29	30	31	32
2,93	0,02	2,95	1,71	0,10	0,66	2,47	5,42	4,64	0,68	6 717 507	70,4	2 830 651	29,6	42,1	8	.	9 548 166	21 987	1924
3,33	0,03	3,36	1,50	0,05	0,61	2,16	5,53	4,83	0,64	7 973 667	77,0	2 377 065	23,0	29,8	398	.	10 351 130	12 240	1925
2,71	0,03	2,74	1,68	0,04	0,54	2,26	5,00	4,39	0,57	6 494 490	68,4	2 980 783	31,4	45,9	14 209	0,1	9 489 482	16 385	1926

Tafel 45a.

Übersicht des Geldertrages aus der Holznutzung in den einzelnen Regierungsbezirken für das Hektar der zur Holzzucht bestimmten Fläche in den Rechnungsjahren 1924 bis 1926.

Laufende Nummer	Regierungsbezirk	Ertrag aus dem Holze für das Hektar der zur Holzzucht bestimmten Fläche (einschl. der dem Staate anteilig gehörenden Waldungen)			Reihenfolge der Bezirke nach dem Ertrage aus dem Holze für das Hektar des Holzbodens im Rechnungsjahre 1926		
		Rechnungsjahr 1924	Rechnungsjahr 1925	Rechnungsjahr 1926	Lfd. Nr.	Regierungsbezirk	
		RM					RM
1	2	3	4	5	6	7	8
1	Königsberg mit Marienwerder	65,53	39,13	42,10	1	Köslin	32,44
2	Gumbinnen	50,99	28,04	39,57	2	Oppeln	38,23
3	Allenstein	89,37	83,10	53,51	3	Gumbinnen	39,57
4	Schneidemühl	41,88	40,32	42,30	4	Königsberg mit Marienwerder	42,10
5	Potsdam	91,71	56,72	61,51	5	Schneidemühl	42,30
6	Frankfurt a. d. O.	85,49	147,42	71,79	6	Lüneburg	44,41
7	Stettin	106,45	128,12	63,15	7	Düsseldorf	46,27
8	Köslin	51,37	20,34	32,44	8	Köln	47,23
9	Stralsund	74,90	61,81	56,70	9	Aachen	49,29
10	Breslau mit Liegnitz	111,78	116,60	83,82	10	Trier	51,34
11	Oppeln	76,76	57,53	38,23	11	Magdeburg	52,59
12	Magdeburg	80,75	56,11	52,59	12	Allenstein	53,51
13	Merseburg	103,38	79,94	80,60	13	Stralsund	56,70
14	Erfurt	141,77	133,26	113,01	14	Kassel	60,04
15	Schleswig	124,06	74,91	75,82	15	Potsdam	61,51
16	Hannover mit Osnabrück	119,31	83,81	84,63	16	Stettin	63,15
17	Hildesheim	109,68	109,54	96,68	17	Wiesbaden	64,33
18	Lüneburg	70,43	48,00	44,41	18	Koblenz	64,38
19	Stade mit Aurich	115,04	70,56	67,32	19	Arnsberg	66,44
20	Minden mit Münster	125,25	122,05	93,94	20	Stade mit Aurich	67,32
21	Arnsberg	84,10	80,10	66,44	21	Frankfurt a. d. O.	71,79
22	Kassel	74,67	65,85	60,04	22	Schleswig	75,82
23	Wiesbaden	57,25*	73,67	64,33	23	Merseburg	80,60
24	Koblenz	9,60*	59,78	64,38	24	Breslau mit Liegnitz	83,82
25	Düsseldorf	15,71*	57,64	46,27	25	Hannover mit Osnabrück	84,63
26	Köln	28,32*	48,97	47,23	26	Minden mit Münster	93,94
27	Trier	5,70*	54,21	51,34	27	Hildesheim	96,68
28	Aachen	0,51*	54,28	49,29	28	Erfurt	113,01
	Staat	79,23	76,20	60,32			

* Die niedrigen Geldertrage je Hektar der Holzbodenfläche in den Regierungsbezirken Wiesbaden, Koblenz, Düsseldorf, Köln, Trier und Aachen im Rechnungsjahre 1924 erklären sich aus der Beschlagnahme der Staatsforsten und der Holzverwertung durch die französisch-belgische Forstregie.

Tafel

Hauptübersicht der Ist-Einnahmen und -Ausgaben der Staatsforstverwaltung

Laufende

Laufende Nummer	Regierungsbezirk	Holz		Nebennutzungen		Anrechnungsbeträge für Dienstwohnungen		Jagd		Torfgräbereien		Rückzahlungen auf Wirtschaftsvorschüsse usw. der Forstbeamten. Beitrag des Reichs zur Besatzungszulage usw.		Forsteinrichtungsanstalten	
		ℛℳ	ℛ𝓅ℓ	ℛℳ	ℛ𝓅ℓ	ℛℳ	ℛ𝓅ℓ	ℛℳ	ℛ𝓅ℓ	ℛℳ	ℛ𝓅ℓ	ℛℳ	ℛ𝓅ℓ	ℛℳ	ℛ𝓅ℓ
1	2	3		4		5		6		7		8		9	
1	Königsberg m. Marienw.	4386782	63	492581	20	80649	83	51079	66	14847	45	32625	38	.	.
2	Gumbinnen	4228905	75	538245	81	77578	15	52947	09	24894	20	25808	33	.	.
3	Allenstein	10364722	04	617092	37	107389	82	58427	52	4535	.	28725	21	.	.
4	Schneidemühl	4892432	40	261481	90	55909	10	45378	13	.	.	13628	.	.	.
5	Potsdam	11888481	31	941003	46	136323	85	80310	70	.	.	23270	95	.	.
6	Frankfurt a. d. O.	14541666	69	545388	07	128401	20	70209	44	483	.	40107	95	.	.
7	Stettin	6871994	23	357056	07	67301	47	42922	35	15489	78	23063	55	.	.
8	Köslin	2996574	71	243877	91	60099	70	40618	10	4115	30	15249	82	.	.
9	Stralsund	1443334	37	114127	78	25131	74	24619	18	.	.	2635	.	.	.
10	Breslau m. Liegnitz	5876493	83	299517	93	72024	19	37186	26	.	.	16361	.	.	.
11	Oppeln	3323215	69	230447	45	63872	77	21521	29	.	.	9205	.	.	.
12	Magdeburg	3162027	51	500223	78	49768	45	33642	50	.	.	5735	.	5767	14
13	Merseburg	5645182	66	557716	84	66419	46	40179	05	.	.	10028	36	.	.
14	Erfurt	4418749	28	100061	47	42198	64	5209	40	.	.	5660	.	.	.
15	Schleswig	2081677	67	68465	19	28676	83	18884	99	27431	47	6613	.	.	.
16	Hannover m. Osnabrück	3034475	91	147652	27	48711	51	15506	43	845	66	12418	86	.	.
17	Hildesheim	9636641	36	339676	17	100329	39	43256	76	.	.	18153	90	.	.
18	Lüneburg	3395610	82	379734	18	66023	51	27503	99	4976	70	10575	64	.	.
19	Stade m. Aurich	1355183	12	63744	54	20649	52	9559	16	4098	28	7579	91	.	.
20	Minden m. Münster	3238013	77	66322	11	36957	98	18893	85	1971	30	6488	50	.	.
21	Arnsberg	1626738	62	35560	20	26229	60	14632	50	.	.	2840	.	.	.
22	Kassel	11840494	93	471785	66	216046	29	71582	92	.	.	39519	52	17230	41
23	Wiesbaden	3334804	62	200014	69	47290	94	20119	06	.	.	9535	23	.	.
24	Koblenz	1985312	98	37618	08	42065	42	10455	62	.	.	5561	.	.	.
25	Düsseldorf	732548	.	272772	96	23368	18	10819	28	.	.	2830	.	.	.
26	Köln	638591	49	157244	15	21222	03	13313	69	.	.	350	.	.	.
27	Trier	2249684	26	37622	09	42952	69	19232	55	.	.	3875	.	.	.
28	Aachen	1216561	34	34839	28	29375	27	15156	24	.	.	4130	.	.	.
29	Sigmaringen	.	.	85	46	3071	37	.	.	.	.	100	.	.	.
30	Generalstaatskasse	.	.	.	.	.	.	.	.	.	.	16115	03	.	.
31	Bau- u. Finanzdirektion	.	.	.	.	.	.	.	.	.	.	.	.	126	.
	Zusammen:	130406901	99	8111959	07	1786038	90	913167	71	103688	14	398789	14	23123	55

Anmerkung zu Spalte 8: Der Reichsbeitrag zur Besatzungszulage beträgt 18529 ℛℳ 07 ℛ𝓅ℓ; die Rückzahlungen auf Wirtschaftsvorschüsse belaufen sich auf 380260 ℛℳ 07 ℛ𝓅ℓ.

46 b.

im Rechnungsjahre und Forstwirtschaftsjahre 1926.

Einnahmen		Einmalige Einnahmen				Dauernde Ausgaben		
A. Forstliche Lehranstalten B. Forstliche Versuchsanstalt in Eberswalde	Verschiedene andere Einnahmen	Erlöse aus dem Verkaufe von Forstgrundstücken	Außerplanmäßige Einnahmen	Rohertrag zusammen (Sp. 3 bis 13)	Besoldungen der planmäßigen Forstbeamten	Andere persönliche Ausgaben		
						Hilfsleistungen durch Beamte		
						Vergütungen für Hilfsarbeiter im Forstverwaltungsdienste	Vergütungen für Hilfsförster und Forstgehilfen und Besoldungsbeiträge für die gemeinschaftlichen Forstbetriebsbeamten im Reg.-Bez. Wiesbaden	
ℛℳ | ℛ₰	ℛℳ | ℛ₰	ℛℳ | ℛ₰	ℛℳ | ℛ₰	ℛℳ | ℛ₰	ℛℳ | ℛ₰	ℛℳ | ℛ₰	ℛℳ | ℛ₰	
10	11	12	13	14	15	16	17	
. .	125 731 71	85 654 61	. .	5 269 952 47	931 395 70	9 980 .	107 417 80	
. .	92 736 41	2 654 78	. .	5 043 770 52	889 894 70	25 219 91	100 602 75	
. .	513 522 52	16 388 34	. .	11 710 802 82	1 276 401 45	16 227 02	78 909 80	
. .	75 408 40	7 521 14	. .	5 351 759 07	809 964 40	11 737 96	74 397 20	
A. 18 797 38 B. 2 201 20	1 081 506 77	6 241 770 56	16 131 13	20 429 797 31	1 570 988 33	88 662 15	125 625 96	
A. 16 410 50	267 153 58	9 457 .	. .	15 619 277 43	1 654 354 54	57 872 79	135 448 50	
. .	113 862 95	150 664 35	. .	7 642 354 75	993 243 48	9 572 89	78 893 95	
. .	83 761 48	35 017 61	161 80	3 479 476 43	688 231 .	14 546 05	68 683 85	
. .	19 833 01	2 651 25	. .	1 632 332 33	307 630 70	3 654 57	29 087 86	
. .	102 851 93	10 748 92	. .	6 415 184 06	828 402 70	19 491 60	103 871 23	
. .	58 284 73	5 611 15	. .	3 712 158 08	747 212 06	9 360 .	73 240 60	
. .	79 136 11	45 100 .	4 871 55	3 886 272 04	648 897 40	9 747 50	39 162 70	
. .	124 437 33	85 796 86	. .	6 529 760 56	835 906 24	9 925 41	53 006 45	
. .	57 130 68	24 024 .	. .	4 653 033 47	444 743 20	6 426 95	63 646 05	
. .	30 202 27	28 083 20	. .	2 290 034 62	352 142 20	6 516 37	32 296 05	
. .	503 372 87	15 219 38	. .	3 778 202 89	860 920 31	18 721 29	58 590 03	
A. 34 465 92	192 316 11	61 447 04	. .	10 426 286 65	1 312 897 08	38 622 78	100 284 69	
. .	57 188 31	26 167 37	. .	3 967 780 52	708 659 10	14 465 41	67 010 60	
. .	20 685 80	. .	. .	1 481 500 33	248 609 20	5 799 05	21 997 95	
. .	67 831 87	9 600 90	. .	3 446 080 28	486 137 90	14 103 89	37 758 30	
. .	87 335 88	. .	. .	1 793 336 80	306 761 83	4 860 .	21 636 60	
A. 3 431 34	325 997 71	70 046 51	. .	13 056 135 29	2 522 850 54	49 304 38	174 310 83	
A. 20 863 96	282 816 76	7 650 44	102 597 96	4 025 693 66	1 054 094 97	13 817 29	86 328 68	
. .	88 317 72	. .	645 56	2 169 976 38	476 906 56	12 284 07	46 056 05	
. .	69 164 45	300 .	. .	1 111 802 87	254 469 10	5 450 82	22 941 12	
. .	42 887 07	87 387 23	. .	960 995 66	199 917 78	17 074 09	24 507 91	
. .	57 179 06	430 .	. .	2 410 975 65	481 594 97	11 202 41	50 650 78	
. .	48 278 79	. .	. .	1 348 340 92	281 039 81	6 415 37	32 906 58	
. .	13 290 95	. .	. .	16 547 78	29 529 90	. .	. .	
. .	13 774 04	50 861 12	69 875 .	150 625 19	. .	. .	. .	
. .	32 896 88	483 847 04	. .	516 869 92	. .	. .	. .	
96 170 30	4 728 894 15	7 564 100 80	194 283 .	154 327 116 75	22 203 797 15	511 062 02	1 909 270 87	

Anmerkung zu Spalte 13: Darunter 69 875 ℛℳ Anteil an der Reichsentschädigung für verlorenen Staatsbesitz, 21 164 ℛℳ 48 ℛ₰ Einnahmen infolge der Vermögensauseinandersetzung mit dem vorm. Kgl. Hause und 103 243 ℛℳ 52 ℛ₰ Entschädigungen des Reichs auf Grund des Okkupationsleistungsgesetzes.

Zu Tafel

Dauernde

Laufende Nummer	Regierungs-bezirk	Andere persönliche Ausgaben															Summe der persönlichen Ausgaben ausschl. der Besoldung der planmäßigen Beamten (Sp. 16 bis 24)	
		Hilfsleistungen durch nichtbeamtete Kräfte				Besatzungs-zulagen usw. an Beamte usw.		Unter-stützungen für Beamte		Notstands-beihilfen für Beamte usw.		Unterhalts-zuschüsse an Beamte im Vor-bereitungs-dienste		Wirtschaftsvor-schüsse an Forst-beamte, Vor-schüsse zum Ankauf von Gespannen und Pauschbeitrag zu den Ver-sorgungs-gebührnissen			
		Vergütungen usw. an außer-planmäßige Forstkassen-verwalter und an Untererheber		Vergütungen für nebenamtliche Waldwärter usw. sowie für sonstige Hilfskräfte im Forstverwaltungs- und Forstbetriebsdienste											
		RM	Rpf	RM	Rpf	RM	Rpf	RM	Rpf	RM	Rpf	RM	Rpf	RM	Rpf	RM	Rpf
		18		19		20		21		22		23		24		25	
1	Königsberg m. Marienw.	13363	12	47823	25	.	.	13790	.	17036	50	4073	80	127875	38	341359	85
2	Gumbinnen	9010	.	71321	54	.	.	9100	.	15795	.	5093	60	75783	50	311926	30
3	Allenstein	9952	50	105363	90	.	.	18200	.	16654	.	3223	10	103881	40	352411	72
4	Schneidemühl	2850	.	33697	91	.	.	8515	.	10578	90	752	50	70224	50	212753	97
5	Potsdam	23215	97	109266	28	.	.	15900	.	19539	.	25696	55	101424	95	509330	86
6	Frankfurt a. d. O.	10916	68	115681	78	.	.	16955	.	20759	20	6881	90	108143	95	472659	80
7	Stettin	7804	69	74511	65	.	.	9700	.	13997	.	1827	50	79808	05	276115	73
8	Köslin	3824	.	37656	45	.	.	4795	.	8380	.	2228	05	61290	.	201403	40
9	Stralsund	5865	.	13342	37	.	.	1800	.	5876	.	1115	65	16040	.	76781	45
10	Breslau m. Liegnitz	5641	50	18786	66	.	.	11500	.	11900	.	4583	85	49406	.	225180	84
11	Oppeln	.	.	62407	35	.	.	4600	.	8480	20	2349	15	23877	.	184314	30
12	Magdeburg	3958	15	31663	69	.	.	3655	.	7927	.	2140	40	31886	.	130140	44
13	Merseburg	.	.	24136	98	.	.	6260	.	11145	.	983	80	42140	.	147597	64
14	Erfurt	4455	.	28910	68	.	.	2500	.	5866	.	1473	50	17367	.	130645	18
15	Schleswig	10593	.	10446	35	.	.	2257	50	4965	.	749	35	11648	.	79471	62
16	Hannover m. Osnabrück	4135	50	28934	81	.	.	10269	62	12542	.	2457	55	53864	90	189515	70
17	Hildesheim	4080	.	29748	92	.	.	11650	.	14603	.	5512	05	62268	90	266770	34
18	Lüneburg	14257	08	25660	32	.	.	6300	.	11494	.	4201	85	40150	25	183539	51
19	Stade m. Aurich	1102	50	408	98	.	.	2630	.	4191	.	711	85	18576	10	55417	43
20	Minden m. Münster	3510	76	15689	38	.	.	2300	.	3862	.	431	85	13796	50	91452	68
21	Arnsberg	9210	.	19203	27	.	.	1500	.	6180	.	436	25	4250	.	67276	12
22	Kassel	37797	89	89458	93	.	.	17485	.	33441	.	16663	21	168973	.	587434	24
23	Wiesbaden	22425	30	18388	84	5696	73	7671	.	13878	.	1395	95	24134	90	193736	69
24	Koblenz	17538	50	8489	15	5989	89	4435	.	8158	.	2169	95	17350	.	122470	61
25	Düsseldorf	.	.	4023	45	229	82	1640	.	2805	40	306	95	.	.	37397	56
26	Köln	.	.	.	.	320	30	290	.	2536	.	948	70	2500	.	48177	.
27	Trier	3105	.	8449	93	7583	24	3475	.	8498	.	2918	88	20400	.	116283	24
28	Aachen	.	.	4571	46	4065	07	3760	.	3966	90	769	19	7150	.	63604	57
29	Sigmaringen	.	.	470	.	.	.	200	.	400	.	56	80	.	.	1126	80
30	Generalstaatskasse	.	.	.	.	.	.	36193	12	.	.	.	.	7563017	.	7526823	88
31	Bau- u. Finanzdirekt.	.	.	.	.	.	.	.	.	1960	.	.	.	.	.	1960	.
	Zusammen:	228612	14	1038514	28	23885	05	166940	.	307414	10	102153	73	8917227	28	13205079	47

Anmerkung zu Spalte 21: Die schräge Zahl ist eine Minuszahl (Umbuchung infolge Übernahme auf die außerplanmäßigen Ausgaben).
Anmerkung zu Spalte 24: Davon 7563701 RM Pauschbeitrag zu den Versorgungsgebührnissen und 1353526 RM 28 Rpf Wirtschaftsvorschüsse und Vorschüsse zum Ankauf von Gespannen an Forstbeamte.

46 b.

Ausgaben

Dienstaufwandsentsch., Dienstkostenersatz, Dienstkleidungszuschüsse u. Zuschüsse z. b. Kosten der Unterhaltung von Fahrrädern usw.

Dienstaufwandsentschädigungen für Oberforstmeister, Oberregierungs- und Forsträte und Regierungs- u. Forsträte		für Oberförster		Dienstkostenersatz für Oberförster		Dienstaufwandsentschädigungen für Forstoberrentmeister und Forstrentmeister		für Forstverwalter, Revierförster, Forstsekretäre und Förster		Dienstkostenersatz für Forstverwalter, Revierförster, Forstsekretäre und Förster		Dienstkleidungszuschüsse		Ankauf von Dienstfuhrwerken		Zuschüsse zu den Kosten der Unterhaltung von Fahrrädern und Schneeschuhen		Dienstaufwandsentschädigungen usw. zusammen (Sp. 26 bis 34)	
RM	Rpf	RM	Rpf	RM	Rpf	RM	Rpf	RM	Rpf	RM	Rpf	RM	Rpf	RM	Rpf	RM	Rpf	RM	Rpf
26		27		28		29		30		31		32		33		34		35	
8609	11	74012	06	27792	20	5855	37	52752	.	1467	57	8144	.	.	.	500	.	179132	31
8100	.	80042	50	21095	03	8997	58	32917	49	1992	90	7916	57	64	50	1300	.	162426	57
9418	34	103210	55	44103	53	6909	34	44169	17	3667	75	10289	75	23	50	1305	61	223097	54
7800	.	51284	.	35033	14	8462	18	18869	75	74	.	6709	50	.	.	1284	.	129516	57
13567	74	49675	14	120220	99	8756	23	47971	85	2539	83	13137	50	.	.	2983	83	258853	11
12475	.	100434	10	81127	.	15773	62	42567	67	7649	76	13866	12	8020	.	672	.	282585	27
7000	.	86925	.	22310	24	7954	46	22702	05	4	20	8083	61	.	.	455	.	155434	56
5536	.	34787	10	41226	41	1554	02	26896	23	1668	13	5833	67	.	.	200	.	117701	56
1800	.	19980	66	7516	21	2767	68	15301	50	163	89	2585	43	.	.	400	.	50515	37
6596	70	50391	30	25821	40	3453	81	19865	25	124	70	7298	63	.	.	700	.	114251	79
8600	.	41923	.	28048	96	5344	54	19216	.	1697	27	6229	50	.	.	1090	.	112149	27
4462	.	32405	.	23290	49	5141	61	11124	90	17	.	6134	50	.	.	.	.	82575	50
6030	45	39985	.	36403	49	6724	48	17050	50	1399	26	6674	50	.	.	996	.	115263	68
3169	85	19337	50	21805	02	1080	.	9200	.	954	10	3974	.	7156	65	150	.	66827	12
2980	30	11602	50	21047	73	.	.	11444	75	1276	95	2975	20	7400	.	600	.	59327	43
7401	48	33902	50	58058	07	975	22	30442	20	3013	79	7004	15	.	.	1100	.	141897	41
12342	15	68798	41	83786	63	6236	93	28245	83	1201	02	10534	33	.	.	1000	.	212145	30
6224	30	21222	50	53420	86	2146	84	18782	.	2333	20	5962	50	3850	.	900	.	114842	20
2199	80	16750	.	11807	69	.	.	4841	25	317	88	2106	.	6566	.	271	25	44859	87
5000	.	20031	25	25760	42	2034	09	12720	50	340	45	3860	41	.	.	300	.	70047	12
4393	75	7137	50	29233	97	1055	67	5540	.	311	35	2229	.	.	.	100	.	50001	24
21067	70	135457	50	183780	51	5245	73	47524	98	1091	12	20699	71	29700	.	1000	.	445567	25
11950	.	37977	20	152002	31	2919	61	16200	.	1034	45	7444	64	23485	.	230	.	253243	21
7400	.	1800	.	53504	36	.	.	9711	67	344	55	3877	75	.	.	241	.	76879	33
280	.	619	16	18636	34	915	67	4689	42	233	05	1972	65	1000	.	77	50	28423	79
1383	90	600	.	10538	11	.	.	3445	.	224	80	1568	25	6500	.	200	.	24460	06
9016	25	15287	50	39864	27	.	.	11441	67	1316	65	3689	50	.	.	200	.	80815	84
4962	18	9750	.	18591	26	.	.	5217	50	118	10	2203	30	.	.	200	.	41042	34
262	80	600	.	3126	69	.	.	260	.	.	.	150	.	.	.	.	.	4399	49
.	.	.	.	.	.	.	.	.	.	.	.	.	.	88	.	.	.	88	.
200029	80	1165928	93	1298953	33	110304	68	591111	13	36577	72	183154	67	93677	65	18456	19	3698194	10

Anmerkung zu Spalte 33 und 35: Die schrägen Zahlen sind Minuszahlen (Umbuchungen).

Zu Tafel

Laufende Nummer	Regierungsbezirk	Werben und Verbringen von Holz und anderen Forsterzeugnissen		Unterhaltung und Neubau der Gebäude und Beschaffung fehlender Gebäude		Unterhaltung und Neubau der öffentlichen Wege innerhalb der Forsten		Beihilfen zu Wege- und Brückenbauten und zur Anlegung von Eisenbahngüterhaltestellen außerhalb der Forsten		Wasserbauten in den Forsten		Forstkulturen und Bau der Wirtschaftswege usw.		Verbesserung von Forstgrundstücken	
		RM	Rpf	RM	Rpf	RM	Rpf	RM	Rpf	RM	Rpf	RM	Rpf	RM	Rpf
		36		37		38		39		40		41		42	
1	Königsberg m. Marienw.	1345202	07	314804	61	325318	30	33494	55	17700	55	688578	38	213155	44
2	Gumbinnen	1419384	62	251816	49	548256	45	54380	97	500	.	792038	65	255533	91
3	Allenstein	1987426	28	403890	24	581611	55	33400	.	14870	.	1477322	55	358294	.
4	Schneidemühl	2019475	59	240087	32	339976	20	2000	.	.	.	666872	34	175727	49
5	Potsdam	3595497	82	511445	39	401786	01	4500	.	69945	44	1400623	21	197592	51
6	Frankfurt a. d. O.	4858022	33	421000	27	461820	54	5285	50	238	40	2506722	33	118555	77
7	Stettin	1370665	39	223165	54	294475	92	89248	77	23236	24	1626572	44	119535	50
8	Köslin	977587	44	260719	06	153257	70	32400	.	4143	12	667264	45	91956	86
9	Stralsund	405493	83	113148	38	58422	43	.	.	.	.	234988	93	9654	24
10	Breslau m. Liegnitz	1906508	33	151106	36	387096	16	155138	33	19563	16	1041128	91	63568	73
11	Oppeln	753737	08	154564	62	172570	80	64179	59	18411	65	354080	58	76464	31
12	Magdeburg	635242	60	118569	53	91564	31	4000	.	45319	38	462664	68	14557	95
13	Merseburg	1016999	36	182271	55	192708	10	1	.	4335	83	442444	43	72785	30
14	Erfurt	916382	86	96040	18	189755	46	12881	.	14093	74	466663	44	5915	54
15	Schleswig	513131	77	109621	07	30827	16	.	.	185	50	182422	93	5276	41
16	Hannover m. Osnabrück	636036	97	183548	23	52185	82	15124	95	.	.	415154	88	6344	11
17	Hildesheim	2525447	72	381767	89	443133	66	20074	69	153673	32	1430064	91	28909	41
18	Lüneburg	809385	79	126397	34	111471	98	5717	02	3409	95	397546	31	36576	89
19	Stade m. Aurich	268368	48	43767	87	10987	54	670	.	.	.	114192	68	66313	02
20	Minden m. Münster	768586	94	131320	91	242434	21	2833	13	.	.	375284	31	6986	30
21	Arnsberg	285794	61	143941	96	57871	51	.	.	7691	50	127946	01	109	93
22	Kassel	3846705	63	455040	06	588062	50	31101	54	13977	11	1408244	48	36747	10
23	Wiesbaden	973910	18	337132	68	94289	58	10800	.	4594	25	513752	51	23066	43
24	Koblenz	510202	82	113583	79	117710	28	22150	.	.	.	404669	56	9161	84
25	Düsseldorf	139435	96	28056	44	46500	59	.	.	.	.	232569	59	133	66
26	Köln	135388	33	54132	01	32981	60	350	.	.	.	107110	58	969	06
27	Trier	577199	25	152819	01	267952	81	1600	.	.	.	469981	61	5988	44
28	Aachen	260021	49	58632	42	137180	53	.	.	.	.	406312	30	925	11
29	Sigmaringen	.	.	2047	07	.	.	.	.	.	.	.	.	.	.
30	Generalstaatskasse	.	.	24086	38	14000	.	.	.	.	.	6696039	09	.	.
31	Bau- u. Finanzdirektion	.	.	.	.	.	.	.	.	.	.	.	.	.	.
	Zusammen:	35457241	54	5740351	91	6446209	70	601331	04	415889	14	12717178	89	2000805	26

Anmerkung zu Spalte 37: Die schräge Zahl ist eine Minuszahl (Umbuchung).
Anmerkung zu Spalte 41: Die schräge Zahl ist eine Minuszahl infolge von Umbuchungen. Letztere werden in der Hauptsache durch Umbuchung von 4700000 RM auf die einmaligen Ausgaben und durch Deckung von 1990416 RM 10 Rpf aus Mitteln des Rechnungsjahres 1925 erklärt.

46 b.

Ausgaben und Betriebskosten

Forstvermessungen und Betriebsregelungen		Jagdkosten		Torfgräbereien		Reisekosten einschl. Beschäftigungstagegelder		Umzugskosten und Zuschüsse zu den gesetzlichen Umzugskostenvergütungen		Umzugskostenbeihilfen		Wohnungsbeihilfen		Vertilgung schädlicher Tiere		Vorflutkosten, Feuer- und Grenzsicherungskosten		Holzverkaufs- und Verpachtungskosten	
RM	Rpf	RM	Rpf	RM	Rpf	RM	Rpf	RM	Rpf	RM	Rpf	RM	Rpf	RM	Rpf	RM	Rpf	RM	Rpf
43		44		45		46		47		48		49		50		51		52	
2182	.	16475	67	.	.	5085	49	22398	19	5173	60	270	.	59567	36	72297	41	53567	48
5774	95	33934	22	11397	55	7276	65	12552	33	5115	47	.	.	87153	08	79500	88	50506	34
6443	80	19252	57	474	28	5999	71	10863	15	6545	93	.	.	94768	53	72958	95	118681	57
2179	08	17180	33	.	.	2187	80	10875	48	9282	10	290	70	333191	57	51453	08	55586	14
19460	60	40836	20	.	.	12314	39	34428	05	16883	03	637	20	39312	89	58062	81	130739	72
4258	24	23468	05	.	.	7877	56	25356	22	12297	26	1846	40	39980	07	121052	11	153928	39
4703	68	9974	37	.	.	4876	70	25785	18	6162	55	1464	.	9545	20	47346	67	76181	23
5058	34	9950	96	.	.	3484	86	12786	85	7749	83	.	.	59360	72	30217	57	35069	94
666	31	4728	46	.	.	1197	55	8358	33	847	60	2394	90	1681	96	30943	69	15526	82
5925	49	16037	86	.	.	4396	25	15163	19	10820	48	234	50	83943	07	53508	12	58948	82
4693	02	13167	42	.	.	3639	78	4483	55	3234	30	1098	.	9878	58	43212	98	40623	05
3513	74	6457	12	.	.	1789	25	11821	75	2532	80	.	.	64235	55	38074	99	40819	42
6369	66	8771	39	.	.	3482	46	15679	75	4812	30	931	60	19610	59	32163	61	71818	15
1700	.	2565	63	.	.	1617	19	4662	10	3711	25	.	.	3224	25	4102	37	42444	08
995	71	4215	44	1795	90	1899	63	7135	55	1447	80	52	50	1184	86	11026	48	24504	66
3276	18	11407	21	740	38	1352	91	15798	08	11053	10	.	.	6109	88	19226	11	35001	53
9591	82	31547	58	.	.	4888	07	8023	28	8768	53	.	.	9993	79	11114	36	91980	12
6122	93	8422	71	1955	65	2945	89	13580	47	9038	35	.	.	3717	99	37900	18	42936	42
1448	.	2779	86	20	42	639	10	7557	75	741	45	172	50	3597	34	9120	74	16987	88
2520	48	4733	92	2354	24	1882	94	3776	15	3466	25	1208	70	91381	21	7867	76	36379	04
1122	85	2691	44	.	.	1099	30	2134	.	1281	60	.	.	1406	16	1663	45	17697	09
7640	06	36198	.	74	50	8763	70	58045	25	12308	64	1030	60	24020	16	8235	36	129662	80
2078	68	8274	47	.	.	3723	31	12961	90	3558	20	971	40	4080	42	7077	37	44142	27
2876	18	2047	86	.	.	2389	86	7063	73	14164	78	4350	90	4908	18	2433	80	21243	72
1704	66	1523	09	.	.	1204	44	7141	90	1260	65	500	.	1299	15	12220	24	14851	56
3588	52	1478	48	.	.	659	95	3074	95	3630	.	.	.	649	10	2310	60	7529	11
2410	90	10959	64	.	.	842	88	4405	95	13672	95	42	.	1443	44	3354	50	22142	54
3368	89	4055	05	.	.	714	85	9316	50	4893	95	1054	50	946	67	14398	05	12780	18
.	.	.	.	.	.	75	30	.	.	.	.	.	.	.	.	.	.	.	.
.	.	.	.	.	.	15270	90	.	.	.	.	.	.	1000	.	.	.	.	.
1303	70	.	.	.	.	.	.	.	.	.	.	.	.	.	.	.	.	.	.
122978	47	353135	.	18812	92	113578	67	375229	58	184454	75	18550	40	1061191	77	882844	24	1462280	07

Zu Tafel

Dauernde

Laufende Nummer	Regierungsbezirk	Sächliche Verwaltungs- und Betriebskosten		Summe der Verwaltungs- und Betriebskosten (Sp. 15 + 25 + 35 + 54)		Forsteinrichtungsanstalten							
		Vermischte Ausgaben		Sächliche Verwaltungs- und Betriebskosten zusammen (Sp. 36 bis 53)				Besoldungen der planmäßigen Beamten		Andere persönliche Ausgaben		Sonstige (sächliche) Ausgaben		Summe der Ausgaben (Sp. 56 bis 58)	
		ℛℳ	₰	ℛℳ	₰	ℛℳ	₰	ℛℳ	₰	ℛℳ	₰	ℛℳ	₰	ℛℳ	₰
		53		54		55		56		57		58		59	
1	Königsberg m. Marienw...	53 248	78	3 228 519	88	4 680 407	74	.	.	.	.	.	.	.	.
2	Gumbinnen	58 368	99	3 673 491	55	5 037 739	12	.	.	.	.	.	.	.	.
3	Allenstein	80 304	19	5 273 107	30	7 125 018	01	.	.	235	97	.	.	235	97
4	Schneidemühl	35 168	10	3 961 533	32	5 113 768	26	.	.	.	.	.	.	.	.
5	Potsdam	85 838	92	6 619 904	19	8 959 076	49	.	.	.	.	.	.	.	.
6	Frankfurt a. d. O. . . .	76 703	60	8 838 413	04	11 248 012	65	.	.	.	.	.	.	.	.
7	Stettin	37 920	43	3 970 859	81	5 395 653	58	.	.	.	.	.	.	.	.
8	Köslin	30 297	55	2 381 305	25	3 388 641	21	.	.	.	.	.	.	.	.
9	Stralsund	11 946	12	899 999	55	1 334 927	07	.	.	.	.	.	.	.	.
10	Breslau m. Liegnitz . . .	29 401	78	4 002 489	54	5 170 324	87	.	.	.	.	.	.	.	.
11	Oppeln	19 242	40	1 737 281	71	2 780 957	34	.	.	.	.	.	.	.	.
12	Magdeburg	20 865	91	1 562 028	98	2 423 642	32	45 296	10	114 370	89	41 540	26	201 207	25
13	Merseburg	24 975	61	2 100 160	69	3 198 928	25	.	.	.	.	.	.	.	.
14	Erfurt	15 431	40	1 781 190	49	2 423 405	99	.	.	.	.	.	.	.	.
15	Schleswig	14 771	67	910 495	04	1 401 436	29	.	.	.	.	.	.	.	.
16	Hannover m. Osnabrück . . .	20 401	62	1 432 761	96	2 625 095	38	.	.	.	.	.	.	.	.
17	Hildesheim	52 921	36	5 211 900	51	7 003 713	23	.	.	.	.	.	.	.	.
18	Lüneburg	62 990	25	1 680 116	12	2 687 156	93	.	.	.	.	.	.	.	.
19	Stade m. Aurich	10 770	23	558 134	86	907 021	36	.	.	.	.	.	.	.	.
20	Minden m. Münster . . .	32 226	81	1 715 243	30	2 362 881	.	.	.	.	.	.	.	.	.
21	Arnsberg	24 287	42	676 738	83	1 100 778	02	.	.	.	.	.	.	.	.
22	Kassel	119 936	92	6 785 794	41	10 341 646	44	49 803	40	86 869	86	27 369	65	164 042	91
23	Wiesbaden	41 430	82	2 085 844	47	3 586 919	34	.	.	.	.	.	.	.	.
24	Koblenz	16 461	83	1 255 419	13	1 931 675	63	.	.	.	.	.	.	.	.
25	Düsseldorf	10 926	24	499 328	17	819 618	62	.	.	.	.	.	.	.	.
26	Köln	7 012	22	360 864	51	633 419	35	.	.	.	.	.	.	.	.
27	Trier	17 556	01	1 552 371	93	2 231 065	98	.	.	.	.	.	.	.	.
28	Aachen	13 838	49	928 438	98	1 314 125	70	.	.	.	.	.	.	.	.
29	Sigmaringen	1 475	45	3 597	82	38 654	01	.	.	.	.	.	.	.	.
30	Generalstaatskasse . . .	57 864	59	*6 631 989*	98	894 745	90	.	.	*690*	.	.	.	*690*	.
31	Bau- u. Finanzdirektion.	500	.	1 803	70	3 763	70	52 959	68	176 362	37	52 083	92	281 405	97
	Zusammen:	1 085 085	71	69 057 149	06	108 164 219	78	148 059	18	376 677	15	120 993	83	645 730	16

Anmerkung zu Spalte 54: Die schräge Zahl ist eine Minuszahl.
Anmerkung zu den Spalten 57 und 59: Die schrägen Zahlen sind Minuszahlen (Umbuchungen).

46b.

Ausgaben

Allgemeine Ausgaben							Summe der dauernden Betriebsausgaben (Sp. 55+59+66)		Forstwissenschaftliche und Lehrzwecke (Forstl. Hochschulen, Forstschulen und Forstliche Versuchsanstalt)			
Grund- und Gemeindelasten		Ablösungsrenten und zeitweise Vergütungen an Stelle von Naturalabgaben		Gesetzliche Kosten der Unfallversicherung und Unfallfürsorge sowie Beiträge zum Ruhegehaltskassenverbande für Gemeindeforstbetriebsbeamte im Regierungsbezirke Wiesbaden		Unterstützungen für				Kosten der Armenpflege		Summe der Allgemeinen Ausgaben (Sp. 60 bis 65)				Besoldungen		Andere persönliche Ausgaben	
						Beamte i. R. und Hinterbliebene		Angestellte und Arbeiter sowie für ausgeschiedene Angestellte und Arbeiter und ihre Hinterbliebenen											
ℛℳ	ℛ₰	ℛℳ	ℛ₰	ℛℳ	ℛ₰	ℛℳ	ℛ₰	ℛℳ	ℛ₰	ℛℳ	ℛ₰	ℛℳ	ℛ₰	ℛℳ	ℛ₰	ℛℳ	ℛ₰	ℛℳ	ℛ₰
60		61		62		63		64		65		66		67		68		69	
707997	74	1614	90	34765	38	13227	.	3720	68	14834	98	776160	68	5456568	42	.	.	.	.
686255	58	172	24	26144	.	18966	.	6909	50	2659	97	741107	29	5778846	41	.	.	.	.
1548398	43	150	30	33098	25	7314	.	8612	.	6326	87	1603899	85	8728681	89	.	.	.	.
285007	20	310	.	10147	23	6746	.	4232	.	3852	13	310294	56	5424062	82	.	.	.	.
1153953	51	14864	87	33334	10	32156	67	6344	.	4374	05	1245027	20	10204103	69	a) 132135 b) 4032	10 30	a) 74969 b) 14596	02 78
998822	45	.	.	38010	53	25206	.	6913	.	5790	47	1074742	45	12322755	10	1821	60	1914	40
603946	25	25643	52	22863	08	7404	.	3547	.	1990	26	665394	11	6061047	69	.	.	.	.
575617	60	.	.	13329	90	3663	.	1855	.	1653	52	596119	02	3984760	23	.	.	.	.
110165	93	.	.	6882	34	1288	.	897	18	762	91	119996	36	1454923	43	.	.	.	.
560092	64	7347	33	28263	72	14208	.	2356	.	562	36	612830	05	5783154	92	.	.	.	.
675864	78	.	.	25479	19	5366	.	2395	.	1158	88	710263	85	3491221	19	.	.	.	.
276979	04	.	.	13911	85	10362	.	1675	.	286	99	303214	88	2928064	45	.	.	.	.
481060	24	.	.	13719	14	7236	.	2267	.	27	87	504310	25	3703238	50	.	.	.	.
289432	38	1129	99	19507	74	3134	.	1150	.	.	.	314354	11	2737760	10	.	.	.	.
157034	12	2538	09	14661	22	3000	.	977	15	461	90	178672	48	1580108	77	.	.	.	.
239414	48	16542	29	23196	32	11574	.	2111	.	.	.	292838	09	2917933	47	.	.	.	.
779263	41	131287	58	33655	49	7718	.	4850	.	42588	.	999362	48	8003075	71	139714	.	55708	17
296191	23	2759	.	13332	13	2788	.	2694	.	1068	84	318833	20	3005990	13	.	.	.	.
144003	43	.	.	4693	59	1688	.	895	.	3	.	151283	02	1058304	38	.	.	.	.
202760	68	271	80	12179	40	2264	.	1200	.	.	.	218675	88	2581556	88	.	.	.	.
143609	99	.	.	5886	85	1288	.	800	.	.	.	151584	84	1252362	86	.	.	.	.
685379	94	3	75	71446	07	27641	.	6855	.	391	29	791717	05	11297406	40	1833	.	4681	46
212348	56	.	.	34189	57	7814	.	2699	25	.	.	257051	38	3843970	72	3652	.	2701	47
142817	72	.	.	6376	36	3280	.	1416	.	.	.	153890	08	2085565	71	.	.	.	.
171372	02	.	.	3900	98	1938	.	445	.	.	.	177656	.	997274	62	.	.	.	.
98185	89	.	.	2383	20	1783	.	400	.	.	.	102752	09	736171	44	.	.	.	.
232787	97	33964	03	16879	11	1438	.	2566	25	.	.	287635	36	2518701	34	.	.	.	.
140212	29	.	.	5847	07	3064	.	1042	.	.	.	150165	36	1464291	06	.	.	.	.
1287	08	.	.	.	.	150	.	.	.	.	.	1437	08	40091	09	.	.	.	.
.	.	.	.	2870	40	100	.	*8162*	*01*	.	.	*5191*	*61*	888864	29	.	.	*2400*	.
.	.	.	.	.	.	24820	.	1338	.	.	.	26158	.	311327	67	.	.	.	.
12600262	58	238599	69	570954	21	258624	67	75000	.	88794	29	13832235	44	122642185	38	283188	.	152171	30

Anmerkung zu den Spalten 64 und 66: Die schrägen Zahlen sind Minuszahlen infolge von Umbuchungen.
Anmerkung zu den Angaben in den Spalten 68 bis 71 für den Reg.-Bezirk Potsdam: Die Zahlen unter a) stellen die Ausgaben der Forstlichen Hochschule in Eberswalde, die unter b) die Ausgaben der Forstlichen Versuchsanstalt in Eberswalde dar.
Anmerkung zu Spalte 69: Die schräge Zahl ist eine Minuszahl infolge Umbuchung auf die außerplanmäßigen Ausgaben.

Zu Tafel

Laufende Nummer	Regierungsbezirk	Dauernde Ausgaben			Betrag der dauernden Ausgaben (Sp. 67+71)		Reinertrag ohne Berücksichtigung der einmaligen Ausgaben (Die schrägen Zahlen sind Minuszahlen)			Einmalige			
		Forstwissenschaftliche u. Lehrzwecke (Forstl. Hochschulen, Forstschulen und Forstliche Versuchsanstalt)								Ablösung von Forstberechtigungen, Grundlasten und Schuldenrenten		Ankauf von Grundstücken zu den Forsten	
		Sonstige (sächliche) Ausgaben		Summe der Ausgaben für forstwissenschaftliche und Lehrzwecke (Sp. 68+69+70)				(Sp. 14 weniger 72)		Prozent des Rohertrages (Sp. 14)				
		ℳ	₰	ℳ	₰	ℳ	₰	ℳ	₰		ℳ	₰	ℳ	₰
		70		71		72		73		74	75		76	
1	Königsberg m. Marienwerder	.	.	.	.	5 456 568	42	*186 615*	*95*	.	20 000	.	179 364	97
2	Gumbinnen	.	.	.	.	5 778 846	41	*735 075*	*89*	.	.	.	58 888	67
3	Allenstein	.	.	.	.	8 728 681	89	2 982 120	93	25	36 539	86	57 455	17
4	Schneidemühl	.	.	.	.	5 424 062	82	*72 303*	*75*	.	.	.	47 380	43
5	Potsdam	a) 85 265 b) 19 675	32 29	a) 292 369 b) 38 304	44 37	10 534 777	50	9 895 019	81	48	.	.	6 152	33
6	Frankfurt a. d. O.	42 191	96	45 927	96	12 368 683	06	3 250 594	37	21	2 908	75	594 223	17
7	Stettin	.	.	.	.	6 061 047	69	1 581 307	06	21	5 046	.	1 500	.
8	Köslin	.	.	.	.	3 984 760	23	*505 283*	*80*	.	176	.	505 423	37
9	Stralsund	.	.	.	.	1 454 923	43	177 408	90	11	.	.	.	.
10	Breslau m. Liegnitz . . .	.	.	.	.	5 783 154	92	632 029	14	10	1 850	.	25 841	50
11	Oppeln	.	.	.	.	3 491 221	19	220 936	89	6	886	.	.	.
12	Magdeburg	.	.	.	.	2 928 064	45	958 207	59	25	.	.	7 000	.
13	Merseburg	.	.	.	.	3 703 238	50	2 826 522	06	43	.	.	71 245	35
14	Erfurt	.	.	.	.	2 737 760	10	1 915 273	37	41	.	.	8 037	32
15	Schleswig	.	.	.	.	1 580 108	77	709 925	85	31	16 000	.	150 423	38
16	Hannover m. Osnabrück . .	.	.	.	.	2 917 933	47	860 269	42	23	.	.	108 530	.
17	Hildesheim	88 535	04	283 957	21	8 287 032	92	2 139 253	73	21	.	.	8 047	51
18	Lüneburg	.	.	.	.	3 005 990	13	961 790	39	24	.	.	26 458	48
19	Stade m. Aurich	.	.	.	.	1 058 304	38	423 195	95	29	.	.	.	.
20	Minden m. Münster	.	.	.	.	2 581 556	88	864 523	40	25	183	.	22 909	92
21	Arnsberg	.	.	.	.	1 252 362	86	540 973	94	30	.	.	13 874	46
22	Kassel	49 257	99	55 772	45	11 353 178	85	1 702 956	44	13	.	.	80 784	.
23	Wiesbaden	65 716	17	72 069	64	3 916 040	36	109 653	30	3	.	.	82 490	19
24	Koblenz	.	.	.	.	2 085 565	71	84 410	67	4	.	.	25 157	06
25	Düsseldorf	.	.	.	.	997 274	62	114 528	25	10	.	.	12 742	25
26	Köln	.	.	.	.	736 171	44	224 824	22	23	.	.	120 797	17
27	Trier	.	.	.	.	2 518 701	34	*107 725*	*69*	.	.	.	107 822	80
28	Aachen	.	.	.	.	1 464 291	06	*115 950*	*14*	.	.	.	927	54
29	Sigmaringen	.	.	.	.	40 091	09	*23 543*	*31*	.	.	.	.	.
30	Generalstaatskasse	6 167	45	3 767	45	892 631	74	742 006	55	.	.	.	1 784 500	.
31	Bau- u. Finanzdirektion .	100	.	100	.	311 427	67	205 442	25	40	.	.	.	.
	Zusammen:	356 909	22	792 268	52	123 434 453	90	30 892 662	85	20	83 589	61	4 107 977	04

Anmerkung zu den Spalten 73, 74, 84 und 85: Das starke Sinken der Reinerträge gegen die Vorjahre ist in der Hauptsache auf den starken Rückgang der Holzpreise und daneben auf ein weiteres Steigen der Betriebsausgaben zurückzuführen.

46b.

Ausgaben								
Erste Einrichtung von Grundstücken zu den Forsten	Beschaffung von Insthäusern für Arbeiter	Herstellung von Fernsprechanlagen	Erste Einrichtung der Ländereien im Taiwellningler, Oboliner und Laukne-Polder, Anlage von Dauerweiden, Beiträge zu den Kosten der Anlage von Kleinbahnen und Zuschuß zum Fonds für Forstkulturen	Summe der einmaligen Ausgaben (Sp. 75 bis 80)	Außerplanmäßige Ausgaben	Summe aller Ausgaben (Sp. 72 + 81 + 82)	Bleibt Reinertrag (Sp. 14 weniger 83) (Die schrägen Zahlen sind Minuszahlen)	Der Reinertrag (Sp. 84) beträgt wieviel vom Hundert des Rohertrages (Sp. 14)
ℛℳ | ℛ₰	ℛℳ | ℛ₰	ℛℳ | ℛ₰	ℛℳ | ℛ₰	ℛℳ | ℛ₰	ℛℳ | ℛ₰	ℛℳ | ℛ₰	ℛℳ | ℛ₰	?
77	78	79	80	81	82	83	84	85
21 590 72	. .	880 87	320 868 23	542 704 79	4 200 .	6 003 473 21	733 520 74	.
14 967 80	27 074 11	130 80	117 549 38	218 610 76	5 040 .	6 002 497 17	958 726 65	.
9 705 02	17 433 01	1 844 89	83 538 04	206 515 99	44 375 04	8 979 572 92	2 731 229 90	23
5 566 17	. .	3 797 49	. .	56 744 09	. .	5 480 806 91	*129 047 84*	.
94 804 17	36 399 92	1 051 81	7 500 .	145 908 23	86 541 02	10 767 226 75	9 662 570 56	47
24 718 74	20 064 27	3 214 47	. .	645 129 40	. .	13 013 812 46	2 605 464 97	17
1 027 60	2 993 07	4 255 42	. .	14 822 09	10 970 .	6 086 839 78	1 555 514 97	20
142 207 90	29 378 58	3 695 63	. .	680 881 48	71 484 39	4 737 126 10	*1 257 649 67*	.
588 60	. .	1 963 54	578 76	3 130 90	960 .	1 459 014 33	173 318 .	11
. .	22 731 28	1 392 35	. .	51 815 13	9 880 .	5 844 850 05	570 334 01	9
. .	. .	1 947 16	. .	2 833 16	. .	3 494 054 35	218 103 73	6
. .	23 081 55	96 80	69 25	30 247 60	13 616 62	2 971 928 67	914 343 37	24
2 789 34	. .	4 262 13	. .	78 296 82	7 800 .	3 789 335 32	2 740 425 24	42
. .	20 850 05	6 106 30	. .	34 993 67	. .	2 772 753 77	1 880 279 70	40
7 989 62	. .	225 12	. .	174 638 12	. .	1 754 746 89	535 287 73	23
9 481 66	2 877 69	1 926 74	54 47	122 870 56	579 67	3 041 383 70	736 819 19	20
12 304 79	47 079 44	2 249 91	. .	69 681 65	. .	8 356 714 57	2 069 572 08	20
39 779 05	. .	1 107 97	. .	67 345 50	2 599 12	3 075 934 75	891 845 77	22
. .	. .	. .	. .	. .	. .	1 058 304 38	423 195 95	29
. .	. .	831 86	. .	23 924 78	2 880 .	2 608 361 66	837 718 62	24
. .	. .	. .	. .	13 874 46	557 30	1 266 794 62	526 542 18	29
7 000 .	. .	3 980 33	33 235 91	125 000 24	4 193 31	11 482 372 40	1 573 762 89	12
1 498 14	. .	2 049 31	. .	86 037 64	20 104 32	4 022 182 32	3 511 34	.
. .	. .	823 46	. .	25 980 52	. .	2 111 546 23	58 430 15	3
. .	. .	150 .	. .	12 892 25	10 940 60	1 021 107 47	90 695 40	8
. .	. .	298 74	. .	121 095 91	. .	857 267 35	103 728 31	11
1 000 .	. .	524 10	. .	109 346 90	2 884 .	2 630 932 24	*219 956 59*	.
. .	. .	2 837 90	. .	3 765 44	348 .	1 468 404 50	*120 063 58*	.
. .	. .	300 76	. .	300 76	. .	40 391 85	23 844 07	.
5 399 28	23 906 09	404 .	4 700 000 .	6 514 209 37	47 771 83	7 454 612 94	*7 303 987 75*	.
439 663 49	. .	. .	. .	439 663 49	. .	751 091 16	234 221 24	.
842 082 09	273 869 06	52 349 86	5 263 394 04	10 623 261 70	347 725 22	134 405 440 82	19 921 675 93	13

Anmerkung zu Spalte 80: Davon 411 680 ℛℳ 98 ℛ₰ für die erste Einrichtung der Ländereien im Taiwellningler, Oboliner und Laukne-Polder, 144 213 ℛℳ 06 ℛ₰ für die Anlage von Dauerweiden, 7500 ℛℳ Beiträge zu den Kosten der Anlage von Kleinbahnen und 4 700 000 ℛℳ Zuschuß zum Fonds für Forstkulturen.

Tafel
Nachweisung der Einnahmen und Ausgaben der Staatsforst-

Laufende Nummer	Regierungsbezirk	Flächeninhalt			Isteinnahme, ohne Rückzahlungen auf Wirtschaftsvorschüsse und Vorschüsse zur Gespannbeschaffung, ohne die Einnahmen der Forsteinrichtungs- und forstlichen Lehr- und Versuchsanstalten sowie ohne die Einnahmen aus der Jagd und aus verkauften Forstgrundstücken		Istausgabe, ohne Ausgabe a) für Kassenführung, b) an Wirtschaftsvorschüssen, c) an Vorschüssen zur Gespannbeschaffung, d) für Jagd, e) für Forsteinrichtungsanstalten, f) für forstwissenschaftliche Lehr- und Versuchszwecke und g) für den Ankauf von Grundstücken				Über- bzw. Zu- (schräge
		Holzboden	Nichtholzboden	Gesamtfläche (Sp. 3+4)	im ganzen	für 1 ha Gesamtfläche (Sp. 5)	Personalaufwand für Verwaltung und Schutz	Aufwand für den Betrieb	im ganzen (Sp. 8+9)	v.H. der Einnahme	im ganzen (Sp. 6 weniger 10)
		Hektar			RM	RM	Rpf	RM				RM
1	2	3	4	5	6	7		8	9	10	11	12
1	Königsberg m. Marienw.	104201	33406	137607	5100593	37	07	1585197	4004108	5589305	110	488712
2	Gumbinnen	106880	31651	138531	4962360	35	82	1481442	4265294	5746736	116	784376
3	Allenstein	193713	43422	237135	11607262	48	95	2078445	6635965	8714410	75	2892852
4	Schneidemühl	115654	11700	127354	5285232	41	50	1273045	4028986	5302031	100	16799
5	Potsdam	193269	21114	214383	14062954	65	60	2713355	7422780	10136135	72	3926819
6	Frankfurt a. d. O.	202563	18069	220632	15483093	70	18	2697368	9406225	12103593	78	3379500
7	Stettin	108824	12579	121403	7425705	61	17	1504418	4393143	5897561	79	1528144
8	Köslin	92371	10317	102688	3388591	33	.	1225407	2846856	4072263	120	683672
9	Stralsund	25457	3356	28813	1602427	55	61	515176	902748	1417924	88	184503
10	Breslau m. Liegnitz	70106	5761	75867	6350888	83	71	1229619	4476481	5706100	90	644788
11	Oppeln	86920	6367	93287	3675821	39	40	1122465	2260544	3383009	92	292812
12	Magdeburg	60123	6966	67089	3796027	56	58	905908	1761024	2666932	70	1129095
13	Merseburg	70040	6721	76761	6393756	83	30	1185346	2438180	3623526	57	2770230
14	Erfurt	39099	1612	40711	4618140	113	44	715823	2014566	2730389	59	1887751
15	Schleswig	27457	3097	30554	2236453	73	20	583370	994298	1577668	71	658785
16	Hannover m. Osnabrück	35856	2712	38568	3735058	96	84	1358841	1495148	2853989	76	881069
17	Hildesheim	99671	4614	104285	10268963	98	47	2086229	5802634	7888863	77	2380100
18	Lüneburg	76460	5663	82123	3903534	47	53	1104328	1877890	2982218	76	921316
19	Stade m. Aurich	20131	2882	23013	1464361	63	63	382245	653601	1035846	71	428515
20	Minden m. Münster	34468	1695	36163	3411097	94	33	756749	1785138	2541887	75	869210
21	Arnsberg	24483	1132	25615	1775864	69	33	540587	679779	1220366	69	555498
22	Kassel	197214	7336	204550	12854325	62	84	3841514	7043224	10884738	85	1969587
23	Wiesbaden	51842	1714	53556	3967525	74	08	1812775	1965153	3777928	95	189597
24	Koblenz	30837	944	31781	2153960	67	78	786682	1262771	2049453	95	104507
25	Düsseldorf	15833	1948	17781	1097854	61	74	364354	634938	999292	91	98562
26	Köln	13520	995	14515	859945	59	25	331594	400898	732492	85	127453
27	Trier	43822	1065	44887	2387438	53	19	826141	1657369	2483510	104	96072
28	Aachen	24682	903	25585	1329055	51	95	460441	995830	1456271	110	127216
	Zusammen 1926:	2165496	249741	2415237	145198281	60	12	35468864	84105571	119574435	82	25623846
	1925:	2146620	247446	2394066	178010421	74	35	34711288	78276382	112987670	63	65022751
	1924:	2151485	247225	2398710	184199688	76	79	29459832	51532587	80992419	44	103207269

Anmerkung zu den Spalten 12 und 13: Das starke Sinken der Überschüsse gegen die Vorjahre ist in der Hauptsache auf den starken Rückgang der Holzpreise und daneben auf ein weiteres Steigen der Betriebsausgaben zurückzuführen.

46 c.
verwaltung im Rechnungsjahre und Forstwirtschaftsjahre 1926.

schuß (schuß Zahlen)		Unter der Einnahme (Spalte 6) sind begriffen:								Unter dem **Personalaufwand** (Spalte 8) sind enthalten:				
		Steinnahme für Holz und Rinde						Steinnahme aus Forstnebennutzungen, Anrechnungsbeträgen für Dienstwohnungen und aus Torfgräbereien	Beiträge Dritter zur Besoldung der Beamten	für die örtliche Verwaltung (Verwaltungsbeamte, Forstsekretäre, Forstsekretärstellen verwalt. Forstbetriebsbeamte, Hilfsarbeiter und Hilfskräfte im Forstverwaltungs- und Bürodienst)		für Forstbetriebsdienst (ausschließl. Forstsekretäre, Forstsekretärstellen verwaltende Forstbetriebsbeamte, Hilfsarbeiter und Hilfskräfte im Forstverwaltungs- und Bürodienst)		
für 1 ha Gesamtfläche (Sp. 5)		im ganzen		für 1 ha Holzboden (Sp. 3)		Davon für								
						Nutzholz (einschl. Nutzrinde)		Brennholz (einschl. Brennrinde)				im ganzen	für 1 ha Gesamtfläche (Sp. 5)		im ganzen	für 1 ha Gesamtfläche (Sp. 5)	
RM	Rpf	RM	Rpf	RM	Rpf	RM	v.H.	RM	v.H.	RM	RM	RM	RM	Rpf	RM	RM	Rpf
13		14		15		16	17	18	19	20	21	22	23		24	25	
3	55	4386783	42	10		2851409	65	1535374	35	588078	.	426959	3	10	1103502	8	02
5	66	4228906	39	57		2397659	57	1831247	43	640718	.	442288	3	19	988109	7	13
12	20	10364722	53	51		7669894	74	2694828	26	729017	.	748920	3	16	1262079	5	32
.	13	4892432	42	30		3798202	78	1094230	22	317391	.	401527	3	15	831701	6	53
18	32	11888481	61	51		8275807	70	3612674	30	1077327	.	1008295	4	70	1630482	7	61
15	32	14541667	71	79		11999520	83	2542147	17	674272	.	918347	4	16	1702858	7	72
12	59	6871994	63	15		5160316	75	1711678	25	439847	.	373905	3	08	1075268	8	86
6	66	2996575	32	44		1794859	60	1201716	40	308093	.	348872	3	40	835890	8	14
6	40	1443334	56	70		902482	63	540852	37	139260	.	167587	5	82	329114	11	42
8	50	5876494	83	82		4407371	75	1469123	25	371542	.	260442	3	43	927220	12	22
3	14	3323216	38	23		2628513	79	694703	21	294320	.	245997	2	64	830160	8	90
16	83	3162028	52	59		2413100	76	748928	24	549992	.	262391	3	91	608141	9	06
36	09	5645183	80	60		4279342	76	1365841	24	624136	.	257255	3	35	885861	11	54
46	37	4418749	113	01		3380488	77	1038261	23	142260	.	205002	5	04	482155	11	84
21	56	2081678	75	82		1293218	62	788460	38	124573	.	187416	6	13	367930	12	04
22	84	3034476	84	63		2418634	80	615842	20	197204	.	517493	13	42	771855	20	01
22	82	9636641	96	68		7492686	78	2143955	22	440006	18144	651042	6	24	1358001	13	02
11	22	3395611	44	41		2711574	80	684037	20	450734	.	412114	5	02	651884	7	94
18	62	1355183	67	32		1204751	89	150432	11	88492	.	139983	6	08	225567	9	80
24	04	3238014	93	94		2589745	80	648269	20	105251	6873	225154	6	23	500312	13	83
21	65	1626739	66	44		1345949	83	280790	17	61790	21536	274614	10	72	236080	9	22
9	63	11840495	60	04		8158100	69	3682395	31	687832	73872	1537774	7	52	2155679	10	54
3	54	3334805	64	33		1760774	53	1574031	47	247306	158123	1049424	19	59	671458	12	54
3	29	1985313	64	38		1412778	71	572535	29	79683	32851	249556	7	85	478496	15	06
5	54	732548	46	27		603733	82	128815	18	296141		89271	5	02	258376	14	53
8	78	638591	47	23		566042	89	72549	11	178466	4161	98395	6	78	215152	14	82
2	14	2249684	51	34		1047351	47	1202333	53	80575	.	243690	5	43	526682	11	73
4	97	1216561	49	29		1075880	88	140681	12	64215	.	133256	5	21	291534	11	39
10	61	130406903	60	22		95640177	73	34766726	27	9998521	315560	11876969	4	92	22201546	9	19
27	16	163562155	76	20		128839423	79	34722732	21	9694921	263204	11282752	4	71	22220185	9	28
43	03	170458096	79	23		133580511	78	36877585	22	9013811	212836	9414668	3	92	18881035	7	87

Tafel 46d.
Nachweisung über die Reinerträge der Staatsforsten im Rechnungsjahre 1926.

Laufende Nummer	Regierungsbezirk	Gesamtfläche	Isteinnahme, ausschl. der Einnahmen der Forstl. Lehr- und Versuchsanstalten, des Erlöses für verkaufte Forstgrundstücke und der außerplanmäßigen Einnahmen				Istausgabe (dauernde, einmalige und außerplanmäßige) ausschl. der Ausgabe in der Spalte 10				Mithin Reinertrag (Spalte 4 weniger 6)				Außerdem sind ausgegeben für forstwissenschaftliche u. Lehrzwecke (Kap. 4 a u. 4 b der dauernden Ausgaben), für Grundstücksankäufe (Kap. 2, Tit. 2 a der einmalig. Ausgaben) u. an Aufwendungen zu Lasten der Reichsentschädigung f. verl. Staatsbes. (außerplanm. Ausgabe)	
			im ganzen		für 1 ha		im ganzen		für 1 ha		im ganzen		für 1 ha			
		ha	ℛℳ	ℛpf	ℛℳ	ℛpf	ℛℳ	ℛpf	ℛℳ	ℛpf	ℛℳ	ℛpf	ℛℳ	ℛpf	ℛℳ	ℛpf
1	2	3	4		5		6		7		8		9		10	
1	Königsberg m. Marienw.	137607	5184297	86	37	67	5824108	24	42	32	*639810*	*38*	*4*	*65*	179364	97
2	Gumbinnen	138531	5041115	74	36	39	5943608	50	42	90	*902492*	*76*	*6*	*51*	58888	67
3	Allenstein	237135	11694414	48	49	32	8922117	75	37	62	2772296	73	11	70	57455	17
4	Schneidemühl	127354	5344237	93	41	96	5433426	48	42	66	*89188*	*55*	.	*70*	47380	43
5	Potsdam	214383	14150897	04	66	01	10430400	61	48	65	3720496	43	17	36	336826	14
6	Frankfurt a. d. O.	220632	15593409	93	70	68	12373661	33	56	08	3219748	60	14	60	640151	13
7	Stettin	121403	7491690	40	61	71	6085339	78	50	13	1406350	62	11	58	1500	.
8	Köslin	102688	3444297	02	33	54	4161827	73	40	53	*717530*	*71*	*6*	*99*	575298	37
9	Stralsund	28813	1629681	08	56	56	1459014	33	50	64	170666	75	5	92	.	.
10	Breslau m. Liegnitz	75867	6404435	14	84	42	5819008	55	76	70	585426	59	7	72	25841	50
11	Oppeln	93287	3706546	93	39	73	3494054	35	37	45	212492	58	2	28	.	.
12	Magdeburg	67089	3836300	49	57	18	2964928	67	44	19	871371	82	12	99	7000	.
13	Merseburg	76761	6443963	70	83	95	3718089	97	48	44	2725873	73	35	51	71245	35
14	Erfurt	40711	4629009	47	113	70	2764716	45	67	91	1864293	02	45	79	8037	32
15	Schleswig	30554	2261951	42	74	03	1604323	51	52	51	657627	91	21	52	150423	38
16	Hannover m. Osnabrück	38568	3762983	51	97	57	2932853	70	76	04	830129	81	21	53	108530	.
17	Hildesheim	104285	10330373	69	99	06	8064709	85	77	33	2265663	84	21	73	292004	72
18	Lüneburg	82123	3941613	15	48	.	3049476	27	37	13	892136	88	10	87	26458	48
19	Stade m. Aurich	23013	1481500	33	64	38	1058304	38	45	99	423195	95	18	39	.	.
20	Minden m. Münster	36163	3436479	38	95	03	2585451	74	71	49	851027	64	23	54	22909	92
21	Arnsberg	25615	1793336	80	70	01	1252920	16	48	91	540416	64	21	10	13874	46
22	Kassel	204550	12982657	44	63	47	11345815	95	55	47	1636841	49	8	.	136556	45
23	Wiesbaden	53556	3894581	30	72	72	3867622	49	72	22	26958	81	.	50	154559	83
24	Koblenz	31781	2169330	82	68	26	2086389	17	65	65	82941	65	2	61	25157	06
25	Düsseldorf	17781	1111502	87	62	51	1008365	22	56	71	103137	65	5	80	12742	25
26	Köln	14515	873608	43	60	19	736470	18	50	74	137138	25	9	45	120797	17
27	Trier	44887	2410545	65	53	70	2523109	44	56	21	*112563*	*79*	*2*	*51*	107822	80
28	Aachen	25585	1348340	92	52	70	1467476	96	57	36	*119136*	*04*	*4*	*66*	927	54
	Zusammen 1926:	2415237	146393102	92	60	61	122977591	76	50	92	23415511	16	9	69	3181753	11
	1925:	2394066	179047770	95	74	79	115902470	77	48	41	63145300	18	26	38	7964541	09
	1924:	2398710	184742959	27	77	02	83534712	02	34	82	101208247	25	42	19	1839361	41

Anmerkung: Die schrägen Zahlen sind Minuszahlen. Das starke Sinken der Reinerträge gegen die Vorjahre ist in der Hauptsache auf den starken Rückgang der Holzpreise und daneben auf ein weiteres Steigen der Betriebsausgaben zurückzuführen.

Anmerkung zu den Ergebnissen für 1924 und 1925: Die Kopfbezeichnung in den Spalten 4, 6 und 10 dieser Tafel — Abgrenzung der Einnahmen und Ausgaben — war für die Rechnungsjahre 1924 und 1925 eine etwas andere als sie vorliegend für das Rechnungsjahr 1926 lautet (vgl. die im Jahre 1927 erschienenen „Amtlichen Mitteilungen").

Tafel 47.
Gegenüberstellung der Einnahmen und Ausgaben für Torfgräbereien der Staatsforstverwaltung in den Rechnungsjahren 1924 bis 1926.

Jahr	Einnahme RM	Ausgabe (Betriebskosten ausschl. Besoldungen) RM	Überschuß RM	Jahr	Einnahme RM	Ausgabe (Betriebskosten ausschl. Besoldungen) RM	Überschuß RM
1924	131 876	15 454	116 422	1925	109 642	22 795	86 847
				1926	103 688	18 813	84 875

Tafel 49.
Übersicht über die auf 1 ha der Gesamtfläche entfallenden dauernden Ausgaben der Staatsforstverwaltung in den Rechnungsjahren 1924 bis 1926 in Reichsmark.

Laufende Nummer	Rechnungsjahr	Verwaltungskosten					Betriebskosten						Ausgaben zu forstwissenschaftlichen und Lehrzwecken	Zusammen (Spalten 7 + 13 + 14)
		Unterhaltung der Forstbeamten einschl. der Forstkassenbeamten: Besoldung, Unterhaltszuschüsse, Dienstaufwand und Wohnung	Vergütungen (einschl. Unterstützungen) an nichtbeamtete Hilfskräfte, außerplanmäßige Forstkassenverwalter, nebenamtliche Waldwärter sowie sonstige Hilfskräfte im Forstverwaltungs- und Forstkassen- und Forstbetriebsdienste	Versorgungsgebührnisse der Ruhegehalts- und Wartegeldempfänger und der Wittwen und Waisen	Unterstützungen und Notstandsbeihilfen der Beamten, ihrer Hinterbliebenen und der Ruhegehalts- und Wartegeldempfänger	Zusammen (Spalten 3 bis 6)	Kosten für Werben und Verbringen von Holz und anderen Forsterzeugnissen	Ausgaben für Forstkulturen, Bau und Unterhaltung der Wirtschaftswege und für Verbesserung der Forstgrundstücke	Steuern, Abgaben, Renten	Sonstige Ausgaben (ausschl. der Ausgaben für den Ankauf von Grundstücken)	Kosten der Forsteinrichtung (Forsteinrichtungsanstalten einschl. der Personalausgaben, Forstvermessungs- und Betriebsregelungskosten)	Zusammen (Spalten 8 bis 12)		
1	2	3	4	5	6	7	8	9	10	11	12	13	14	15
1	1924	11,30	0,35	1,27	0,20	13,12	9,00	3,89	4,39	4,52	0,20	22,00	0,19	35,31
2	1925	13,85	0,47	2,79	0,26	17,37	14,22	8,20	5,08	5,80	0,28	33,58	0,25	51,20
3	1926	13,98	0,53	3,13	0,30	17,94	14,68	8,87	5,32	6,58	0,32	35,77	0,33	54,04

Tafel 52 a.

Nachweisung der während des Kalenderjahres 1926 vorgekommenen erheblicheren Brände in den Staatswaldungen und der hierdurch vernichteten Holzbestände.

Laufende Nummer	Provinz	Zahl der Brände	Es ist vernichtet			
			der Bestand ganz oder zum größten Teil ha	der Bestand nur zum kleinen Teil ha	nur die Bodendecke ha	Gesamtfläche ha
1	2	3	4	5	6	7
1	Ostpreußen	27	32,4	14,9	15,9	63,2
2	Grenzmark Posen-Westpreußen	5	0,5	.	2,5	3,0
3	Brandenburg	66	21,0	0,5	50,0	71,5
4	Pommern	20	25,3	6,2	13,1	44,6
5	Niederschlesien	7	2,8	0,8	0,5	4,1
6	Oberschlesien	7	0,9	.	1,2	2,1
7	Sachsen	22	12,3	0,8	7,4	20,5
8	Hannover	12	10,5	0,8	6,0	17,3
9	Schleswig-Holstein	2	2,7	0,8	.	3,5
10	Westfalen	2	1,0	.	0,1	1,1
11	Hessen-Nassau	21	3,8	1,3	7,7	12,8
12	Rheinprovinz	26	15,4	0,1	2,5	18,0
	Im Kalenderjahre 1926 zusammen:	217	128,6	26,2	106,9	261,7
	1925 zusammen:	67	1018,6	54,2	867,8	1940,6
	1924 „	22	74,6	14,3	51,5	140,4

Tafel 56 b und c.

Nachweisung über die Zahl der Studierenden der Forstlichen Hochschulen in Eberswalde und Münden vom Sommerhalbjahr 1926 ab bis zum Winterhalbjahr 1927/28.

Halbjahr	Studierende, die den Vorbedingungen für den Eintritt in die Preußische Forstverwaltungs-Laufbahn Genüge geleistet hatten			Studierende, die den Vorbedingungen für den Eintritt in die Preußische Forstverwaltungs-Laufbahn nicht Genüge geleistet hatten, und Hospitanten				Zusammen Studierende
	Preußen	Angehörige anderer deutscher Länder	Zusammen	Preußen	Angehörige anderer deutscher Länder	Ausländer	Zusammen	
1	2	3	4	5	6	7	8	9
a) Eberswalde.								
Sommer 1926	50	.	50	32	6	8	46	96
Winter 1926/27	30	.	30	39	8	7	54	84
Sommer 1927	44	.	44	36	7	3	46	90
Winter 1927/28	51	.	51	30	4	2	36	87
b) Münden.								
Sommer 1926	105	6	111	61	18	4	83	194
Winter 1926/27	67	6	73	47	10	4	61	134
Sommer 1927	101	9	110	63	20	3	86	196
Winter 1927/28	63	10	73	40	19	1	60	133

Tafel 58.
Nachweisung der verausgabten Kultur- und Verkehrswegebaugelder für das Forstwirtschaftsjahr und Rechnungsjahr 1926.

Regierungsbezirk		Zur Holzzucht bestimmte Fläche	Verausgabte Kulturgelder											
			Kapitel I											
			Nachbesserungen und Wiederholungen											
			Bodenverwundung				Saat				Pflanzung				Im ganzen		
		ha	ha	d	RM	Rpf	ha	d	RM	Rpf	ha	d	RM	Rpf	ha	d	RM	Rpf
1	2	3	4				5				6				7			
1	Königsberg m. Marienw.	104 201	26	1	1 035	95	12	6	572	32	434	4	55 435	57	473	1	57 043	84
2	Gumbinnen	106 880	39	.	1 313	68	39	5	1 446	50	352	1	46 262	63	430	6	49 022	81
3	Allenstein	193 713	124	6	2 732	73	249	6	7 505	13	2 249	6	199 988	38	2 623	2	210 226	24
4	Schneidemühl	115 654	44	5	1 050	44	26	4	1 401	83	1 193	.	124 620	87	1 263	9	127 073	14
5	Potsdam	193 269	24	9	2 011	22	141	5	7 450	03	1 608	6	217 205	19	1 775	.	226 666	44
6	Frankfurt a. d. O.	202 563	47	.	1 356	50	37	.	2 859	24	1 233	7	215 105	63	1 317	7	219 321	37
7	Stettin	108 824	162	3	9 440	44	278	5	12 168	25	641	.	89 814	43	1 081	8	111 423	12
8	Köslin	92 371	115	2	4 747	20	113	6	1 572	53	567	1	65 094	21	795	9	71 413	94
9	Stralsund	25 457	41	.	799	20	46	5	6 497	22	131	9	30 740	02	219	4	38 036	44
10	Breslau m. Liegnitz	70 106	77	.	2 179	45	144	6	5 024	52	587	4	87 818	16	809	.	95 022	13
11	Oppeln	86 920	41	6	3 459	91	82	9	6 340	62	335	6	24 582	47	460	1	34 383	.
12	Magdeburg	60 123	48	2	1 215	13	76	6	3 254	07	484	1	65 752	63	608	9	70 221	83
13	Merseburg	70 040	23	3	645	50	31	8	1 148	50	302	.	35 595	92	357	1	37 389	92
14	Erfurt	39 099	.	.	.	.	2	7	268	29	130	8	15 713	03	133	5	15 981	32
15	Schleswig	27 457	5	8	154	75	5	.	665	90	121	5	17 246	25	132	3	18 066	90
16	Hannover m. Osnabrück	35 856	120	8	3 980	74	170	4	6 024	90	338	.	27 585	49	629	2	37 591	13
17	Hildesheim	99 671	14	1	522	75	40	9	1 087	44	348	3	46 594	45	403	3	48 204	64
18	Lüneburg	76 460	15	3	1 852	89	240	2	13 893	52	381	7	41 403	89	637	2	57 150	30
19	Stade m. Aurich	20 131	15	1	684	99	146	.	3 351	.	89	4	11 693	72	250	5	15 729	71
20	Minden m. Münster	34 468	313	.	7 727	81	119	8	4 358	01	206	2	26 088	77	639	.	38 174	59
21	Arnsberg	24 483	.	.	.	.	16	8	740	12	100	2	6 589	76	117	.	7 329	88
22	Kassel	197 214	253	.	10 922	08	256	1	8 622	93	958	.	98 376 *3* 94		1 467	1	117 921 *3*	95
23	Wiesbaden	51 842	35	8	1 225	29	30	.	3 632	67	237	.	27 535	85	302	8	32 393	81
24	Koblenz	30 837	40	3	1 174	16	12	5	1 456	74	276	9	27 173	86	329	7	29 804	76
25	Düsseldorf	15 833	.	.	.	.	113	5	10 468	60	105	.	10 085	13	218	5	20 553	73
26	Köln	13 520	.	.	.	.	3	2	622	53	96	3	15 530	41	99	5	16 152	94
27	Trier	43 822	3	3	342	90	200	9	5 013	82	169	7	18 255	31	373	9	23 612	03
28	Aachen	24 682	25	.	1 668	98	9	9	789	48	124	1	11 482	49	159	.	13 940	95
	Zusammen 1926:	2 165 496	1656	2	62 244	69	2648	4	118 236	71	13 803	6	1 659 371 *3* 46		18 108	2	1 839 852 *3*	86
	1925:	2 146 620	3102	.	102 757	78	2677	5	96 710	62	10 746	9	1 411 784	07	16 526	4	1 611 252	47
	1924:	2 151 485	1821	5	69 986	26	960	.	33 722	30	8 379	6	625 683	75	11 161	1	729 392	31

Anmerkung: Die schrägen Zahlen über den aufrecht stehenden Zahlen geben den Wert der geleisteten Forststrafarbeit an. Für die Forstwirtschaftsjahre 1924 und 1925 sind die Angaben über den Wert dieser Arbeit hier nicht wiederholt worden.

Zu Tafel

Verausgabte

Laufende Nummer	Regierungsbezirk	Kapitel II – Erstmalige Kulturen															
		Bodenverwundung				Saat				Pflanzung				Im ganzen			
		ha	d	RM	Rpf	ha	d	RM	Rpf	ha	d	RM	Rpf	ha	d	RM	Rpf
		8				9				10				11			
1	Königsberg m. Marienw.	83	8	5769	41	284	3	17808	72	644	4	114486	73	1012	5	138064	86
2	Gumbinnen	133	6	4854	33	174	5	12033	20	342	5	57399	96	650	6	74287	49
3	Allenstein	324	9	12297	12	4850	7	347096	29	947	9	69595	83	6123	5	428989	24
4	Schneidemühl	111	1	2321	32	617	9	51040	56	1170	1	115617	80	1899	1	168979	68
5	Potsdam	504	5	11496	04	1221	8	113557	08	1071	7	125081	56	2798	.	250134	68
6	Frankfurt a. b. O.	67	2	1252	22	1978	6	265993	37	1972	9	547564	86	4018	7	814810	45
7	Stettin	315	3	7637	17	7462	8	456679	02	1035	2	93016	95	8813	3	557333	14
8	Köslin	164	.	5626	26	1824	4	82851	54	663	1	62950	96	2651	5	151428	76
9	Stralsund	112	.	2452	62	41	6	10320	96	142	8	21789	55	296	4	34563	13
10	Breslau m. Liegnitz	321	8	14578	53	1079	9	109413	15	722	2	181439	76	2123	9	305431	44
				54	40							337	32			391	72
11	Oppeln	92	5	9860	24	459	2	23765	85	519	7	75298	95	1071	4	108925	04
12	Magdeburg	638	4	12402	17	512	7	23910	97	308	5	36577	.	1459	6	72890	14
13	Merseburg	314	4	5826	03	282	3	25090	18	416	7	56869	11	1013	4	87785	32
14	Erfurt	32	6	668	92	30	3	2390	65	283	1	45352	77	346	.	48412	34
15	Schleswig	48	7	1975	13	22	3	3889	67	125	4	13025	56	196	4	18890	36
16	Hannover m. Osnabrück	171	4	6996	02	275	.	33519	84	146	5	21101	72	592	9	61617	58
17	Hildesheim	394	4	12534	25	248	7	22996	93	500	8	77856	75	1143	9	113387	93
18	Lüneburg	161	4	20239	89	785	2	55214	37	307	5	42812	16	1254	1	118266	42
19	Stade m. Aurich	15	5	1229	60	275	1	21334	10	40	8	6042	84	331	4	28606	54
20	Minden m. Münster	125	8	3587		114	8	8637	39	150	6	23862	04	391	2	36086	43
21	Arnsberg	7	.	263	30	33	8	862	67	116	2	8120	07	157	.	9246	04
				121	04							8				129.	04
22	Kassel	861	7	45100	43	616	9	42888	03	993	4	91974	29	2472	.	179962	75
23	Wiesbaden	172	5	4705	45	161	4	21543	16	236	8	45003	39	570	7	71252	.
24	Koblenz	48	4	1724	53	60	2	12846	04	247	7	35984	75	356	3	50555	32
25	Düsseldorf	34	7	2182	57	163	2	20795	30	55	1	13065	28	253	5	36043	15
26	Köln	6	.	660	14	28	.	3339	52	64	7	12021	33	98	7	16020	99
								5				10				5	10
27	Trier	92	2	5888	71	378	3	47067	97	219	6	25620	68	690	1	78577	36
28	Aachen	40	4	1901	96	440	5	48989	91	291	6	42580	90	772	5	93472	77
				175	44			5	10			345	32			525	86
	Zusammen 1926:	5396	2	206031	36	24424	9	1885876	44	13737	5	2062113	55	43558	6	4154021	35
	1925:	10686	1	385309	16	22540	1	1699870	19	11850	1	1615574	88	45076	3	3700754	23
	1924:	5294	4	193401	57	12533	8	594694	19	7528	9	660412	86	25357	1	1448508	62

58.

Kulturgelder

Kapitel III Anlegung und Unterhaltung der Saat- und Pflanzkämpe		Kapitel IV Anschaffung von Samen und Ankauf von Pflanzen		Kapitel V Bewehrungen und Verhegungen		Kapitel VI Abzugsgräben und sonstige Entwässerungsanlagen		Kapitel VII Anschaffung und Unterhaltung der Kulturgeräte		Kapitel IX Insgemein		Summe der Kapitel I—VII und IX		Durchschnittliche Kulturkosten für 1 ha Holzboden, ausschl. der Kosten für Samendarren		Die ges. Kosten d. Bestandesgründung für 1 ha betragen (Sp. 18, ausschl. Darrekosten, geteilt durch die Fläche in Sp. 11)
ha	a	ℛℳ	ℛ₰	ℛℳ	ℛ₰	ℛℳ	ℛ₰	ℛℳ	ℛ₰	ℛℳ	ℛ₰	ℛℳ	ℛ₰	ℛℳ	ℛ₰	ℛℳ
\multicolumn{2}{c	}{12}	\multicolumn{2}{c	}{13}	\multicolumn{2}{c	}{14}	\multicolumn{2}{c	}{15}	\multicolumn{2}{c	}{16}	\multicolumn{2}{c	}{17}	\multicolumn{2}{c	}{18}	\multicolumn{2}{c	}{19}	20
36	31	72321	90	18378	20	16568	69	36439	72	18250	57	172604	64	529672	42	5	08	523
31	31	68385	73	30517	98	31640	57	44310	27	60649	06	138727	89	497541	80	4	46	733
83	77	89327	17	89831	85	11889	59	12349	68	35443	50	552205	16	1430262	43	7	10	225
52	05	68512	23	66743	72	12504	73	1998	66	28791	50	179274	92	653878	58	5	62	342
69	24	103391	29	70643	17	77035	26	7750	38	41521	95	439959	12	1217102	29	6	24	431
120	82	155190	97	46961	11	134612	12	8579	46	112071	42	894226	78	2385773	68	11	78	594
25	46	44797	08	225024	55	37410	24	27376	67	63475	08	371353	21	1438193	09	11	46	142
27	04	42388	54	18261	20	28680	40	6539	99	58204	22	221777	62	598694	67	6	48	226
11	66	24998	01	9156	32	21084	04	8492	36	2204	72	66697	54	205232	56	8	06	692
38	10	74822	15	55878	87	24885	.	17919	64	21776	63	203321	03	799056	89	11	20	370
18	88	27665	06	23737	54	8150	97	24220	96	3542	05	74090	47	304715	09	3	34	271
25	86	38077	42	42550	41	28098	39	3289	17	6456	16	136963	47	398546	99	6	16	254
8	22	24513	34	105630	10	7943	72	5372	95	7585	73	100342	23	376563	31	4	16	288
7	30	26398	25	5432	06	5270	87	2562	98	2688	91	57375	68	164122	41	4	20	474
9	46	31091	20	27670	57	9679	10	5837	65	2334	20	34247	98	147817	96	5	38	753
11	57	19205	46	35660	89	5937	34	4990	07	3971	32	86970	86	255944	65	7	14	432
23	03	76735	86	36773	51	20636	76	13528	01	11276	11	253152	07	573694	89	5	71	498
10	35	27190	04	33098	37	17709	75	8193	09	7983	49	70245	56	339837	02	4	44	271
2	33	5626	65	12904	89	481	15	2273	67	781	05	35161	06	101564	72	5	05	306
5	10	19722	36	21768	89	5745	29	11458	80	4691	16	58004	93	195652	45	5	68	500
6	11	10197	18	3697	64	3255	11	1958	30	1302	60	24758	57	61745	32	2	52	393
33	05	96821	54	155938	80	14753	70	17674	26	14945	46	243067	21	841085	67	3	63	290
10	95	29937	18	31178	59	3795	70	3820	69	2166	48	102005	54	276549	99	5	33	485
16	20	38796	35	17250	44	2904	23	13559	96	5178	43	76570	19	234619	68	7	61	658
6	13	13692	60	19641	07	10228	30	10594	74	654	54	52187	81	163595	94	10	33	645
3	39	9639	67	7904	31	773	02	4798	65	872	78	26415	51	82577	87	6	11	837
8	40	22179	31	33856	36	3178	95	7196	32	7095	23	84644	22	260339	78	5	94	377
7	80	36774	81	38895	41	5467	02	6940	59	2336	95	102479	77	300308	27	12	17	389
709	89	1298399	35	1284986	82	550320	01	320027	69	528251	30	4858831	04	14834690	42	6	60	328
												einschl. der Kosten für Samendarren:				6	85	
653	62	1139412	76	2011948	72	408485	18	293604	60	540969	04	3944849	41	13651276	41	5	88	280
												einschl. der Kosten für Samendarren:				6	36	
509	58	611530	56	1131942	28	154495	19	121135	40	173570	87	1827447	14	6198022	37	2	45	208
												einschl. der Kosten für Samendarren:				2	88	

Zu Tafel

Laufende Nummer	Regierungs-bezirk	Verausgabte Kulturgelder					Gesamt-fläche	Verausgabte		
		Kapitel VIII				Gesamt-summe der Kulturgelder (Tit. 21a)			Unter-haltung alter		Her-stellung neuer	
		Unterhaltung alter		Herstellung neuer							
		Holzabfuhrwege und Waldbahnen						Wege			
		ℛℳ	ℛ₰	ℛℳ	ℛ₰	ℛℳ	ℛ₰	ha	ℛℳ	ℛ₰	ℛℳ	ℛ₰
		21		22		23		24	25		26	
1	Königsberg m. Marienw.	154640	34	4265	62	688578	38	137607	187753	43 68 25	111563	16
2	Gumbinnen	238674	95	55821	90	792038	65	138531	240152	99	277866	.
3	Allenstein	44238	41	2821	71	1477322	55	237135	62622	36 08 49	4378	79
4	Schneidemühl	10928	32	2065	44	666872	34	127354	239596	13 12 61	40432	84
5	Potsdam	183520	92	.	.	1400623	21	214383	214419	59	127892	19
6	Frankfurt a. d. O.	63819	77	57128	88	2506722	33	220632	199475	95	205633	61
7	Stettin	186317	71 20 47	2061	88	1626572	71 20 44	121403	143960	55	70344	93
8	Köslin	64078	32	4491	46	667264	45	102688	69924	37	79779	79
9	Stralsund	29756	37	.	.	234988	93	28813	56356	43	.	.
10	Breslau m. Liegnitz	178491	51 28 48	63580	54	1041128	51 28 91	75867	362913	.	.	.
11	Oppeln	46959	1047 16 32	2406	17	354080	1762 80 58	93287	98069	841 20 73	.	.
12	Magdeburg	63898	16 40 03	219	66	462664	16 40 68	67089	73479	03	10686	90
13	Merseburg	58266	61	7614	51	442444	43	76761	187909	19	.	.
14	Erfurt	216344	25	86196	78	466663	44	40711	180719	26	894	55
15	Schleswig	33800	56	804	41	182422	93	30554	27603	61	2948	95
16	Hannover m. Osnabrück	135981	24	23228	99	415154	88	38568	39355	66	11199	09
17	Hildesheim	675688	79	180681	23	1430064	91	104285	378232	48	21641	46
18	Lüneburg	57624	29	85	.	397546	31	82123	30714	97	77260	55
19	Stade m. Aurich	12616	76	11	20	114192	68	23013	6225	28	.	.
20	Minden m. Münster	141045	13	38586	73	375284	31	36163	221996	74	5584	41
21	Arnsberg	55807	57	10393	12	127946	01	25615	53713	73	1255	75
22	Kassel	394561	574 16 54	172597	47 44 27	1408244	915 14 48	204550	523904	17	5690	15
23	Wiesbaden	188898	78	48303	74	513752	51	53556	38638	01	49590	43
24	Koblenz	111663	37	58386	51	404669	56	31781	105770	03	7321	62
25	Düsseldorf	68973	65	.	.	232569	59	17781	46500	59	.	.
26	Köln	21073	80	3458	91	107110	58	14515	31980	208 80 79	.	.
27	Trier	180960	78 59 62	28681	21	469981	86 25 61	44887	250124	6 40 16	13828	65
28	Aachen	89307	17	16696	86	406312	30	25585	131389	92	2737	98
	Zusammen 1926:	3707937	1838 79 83	870589	47 44 73	19413217	2903 07 98	2415237	4203502	1149 28 58	1128531	80
	1925:	2941057	35	721519	68	17313853	44	2394066	2491879	30	712338	03
	1924:	1441139	69	343195	14	7982357	20	2398710	1375994	58	349033	49

58.

Verkehrswegebaugelder				Holzabfuhr- und Verkehrswege			Beihilfen zu Wege- und Brückenbauten usw. außerhalb der Forsten		Gesamtaufwendungen			
Brücken		Gezahlte Beihilfen und „Insgemein"		Zusammen (Sp. 25 bis 28)		zusammen (Sp. 21 + 22 + 29)		durch-schnittlich für 1 ha der Gesamt-fläche				für den Wegebau (Sp. 30 + 32)		für 1 ha Holz-boden	
ℛℳ	ℛ₰	ℛℳ	ℛ₰	ℛℳ	ℛ₰	ℛℳ	ℛ₰	ℛℳ	ℛ₰	ℛℳ	ℛ₰	ℛℳ	ℛ₰
27		28		29		30		31		32		33		34	
6139	76	19862	13	325318	30 ^{43 68}	484224	26 ^{43 68}	3	52	33494	55	517718	81 ^{43 68}	4	97
14510	68	15726	78	548256	45	842753	30	6	08	54380	97	897134	27	8	39
3068	22	511542	05	581611	55 ^{36 08}	628671	67 ^{36 08}	2	65	33400	.	662071	67 ^{36 08}	3	42
18808	58	38138	17	339976	20 ^{13 12}	352969	96 ^{13 12}	2	77	2000	.	354969	96 ^{13 12}	3	07
4827	78	54646	45	401786	01	585306	93	2	73	4500	.	589806	93	3	05
2734	27	53976	71	461820	54	582769	19	2	64	5285	50	588054	69	2	90
5968	89	74201	55	294475	92 ^{71 20}	482855	27 ^{71 20}	3	98	89248	77	572104	04 ^{71 20}	5	26
345	22	6208	32	153257	70	221827	48	2	16	32400	.	254227	48	2	75
9	50	2056	50	58422	43	88178	80	3	06	.	.	88178	80	3	46
17680	37	6502	79	387096	16 ^{51 28}	629168	18 ^{51 28}	8	29	155138	33	784306	51 ^{51 28}	11	19
7583	90	66917	17	172570	80 ^{841 20}	221936	29 ^{1888 36}	2	38	64179	59	286115	88 ^{1888 36}	3	29
.	.	7398	38	91564	31	155682	. ^{16 40}	2	32	4000	.	159682	. ^{16 40}	2	66
840	37	3958	54	192708	10	258589	22	3	37	1	.	258590	22	3	69
.	.	8141	65	189755	46	492296	49	12	09	12881	.	505177	49	12	92
.	.	274	60	30827	16	65432	13	2	14	.	.	65432	13	2	38
.	.	1631	07	52185	82	211396	05	5	48	15124	95	226521	.	6	32
13303	51	29956	21	443133	66	1299503	68	12	46	20074	69	1319578	37	13	24
2296	34	1200	12	111471	98	169181	27	2	06	5717	02	174898	29	2	29
4676	76	85	50	10987	54	23615	50	1	03	670	.	24285	50	1	21
5116	89	9736	17	242434	21	422066	07	11	67	2833	13	424899	20	12	33
.	.	2902	03	57871	51	124072	20	4	84	.	.	124072	20	5	07
6499	76	51968	42	588062	50 ^{621 60}	1155221	31 ^{621 60}	5	65	31101	54	1186322	85 ^{621 60}	6	02
.	.	6061	14	94289	58	331492	10	6	19	10800	.	342292	10	6	60
.	.	4618	63	117710	28	287760	16	9	05	22150	.	309910	16	10	05
.	.	.	.	46500	59	115474	24	6	49	.	.	115474	24	7	29
.	.	1000	81	32981	60 ^{208 80}	57514	31 ^{208 80}	3	96	350	.	57864	31 ^{208 80}	4	28
.	.	4000	.	267952	81 ^{6 40}	477594	64 ^{84 99}	10	64	1600	.	479194	64 ^{84 99}	10	94
3052	63	.	.	137180	53	243184	56	9	50	.	.	243184	56	9	85
117463	43	982711	89	6432209	70 ^{1149 28}	11010737	26 ^{3035 51}	4	56	601331	04	11612068	30 ^{3035 51}	5	36
107634	04	775022	66	4086874	03	7749451	06	3	24	412295	56	8161746	62	3	80
31589	60	435055	64	2191673	31	3976008	14	1	66	233837	48	4209845	62	1	96

D

Tafel

Nachweisung über die Arbeiter der Staatsforstverwaltung

Laufende Nummer	Regierungs- bezirk	Beschäftigte Arbeiter im Alter von						Beschäftigte Arbeiterinnen im Alter von				Gesamt- zahl der beschäf- tigten Arbeiter und Arbeite- rinnen (Sp. 8 + 12)	Zahl der wirklich ge- leisteten Arbeitstage (8 Arbeitsstunden gerechnet als ein Arbeitstag)			Durch- schnittliche Beschäfti- gungs- dauer	
		über 24	21 bis 24	18 bis 21	16 bis 18	unter 16	Zu- sammen (Sp. 3 bis 7)	über 18	16 bis 18	unter 16	Zu- sammen (Sp. 9 bis 11)		der Arbeiter	der Arbeite- rinnen	ins- gesamt (Sp. 14 + 15)	der Ar- beiter (Sp. 14:8)	der Ar- beite- rinnen (Sp. 15:12)
		Jahren						Jahren								Tage	
1	2	3	4	5	6	7	8	9	10	11	12	13	14	15	16	17	18
1	Königsberg m. Marienw.	3522	292	258	140	187	4399	2029	312	286	2627	7026	385647	67683	453330	88	26
2	Gumbinnen	3506	209	137	106	135	4093	1925	338	228	2491	6584	398033	43425	441458	97	17
3	Allenstein	4376	462	445	358	307	5948	3260	1067	861	5188	11136	537626	168854	706480	90	33
4	Schneidemühl	3540	640	547	303	313	5343	2509	551	391	3451	8794	433533	117597	551130	81	34
5	Potsdam	5126	460	359	165	124	6234	4541	463	310	5314	11548	641000	197609	838609	103	37
6	Frankfurt a. d. O.	6041	535	452	280	209	7517	5553	758	423	6734	14251	753540	277948	1031488	100	41
7	Stettin	3639	416	330	138	64	4587	2185	346	152	2683	7270	399496	99443	498939	87	37
8	Köslin	1999	213	199	137	150	2698	1497	270	174	1941	4639	275673	37951	313624	102	20
9	Stralsund	745	47	25	20	34	871	388	26	23	437	1308	103772	15063	118835	119	34
10	Breslau m. Liegnitz	3465	433	336	161	82	4477	3570	459	238	4267	8744	426790	149522	576312	95	35
11	Oppeln	1810	127	52	43	29	*2061	1896	280	136	*2312	4373	146498	69884	*216382	71	30
12	Magdeburg	1521	101	95	54	84	1855	1796	111	129	2036	3891	178466	42482	220948	96	21
13	Merseburg	1961	135	102	27	13	2238	2488	130	44	2662	4900	234642	58105	292747	105	22
14	Erfurt	1167	117	76	13	21	1394	2077	263	283	2623	4017	182350	33833	216183	131	13
15	Schleswig	1156	46	18	7	22	1249	166	13	17	196	1445	114534	2705	117239	92	14
16	Hannover m. Osnabrück	1535	100	48	14	33	1730	501	6	17	524	2254	157815	9848	167663	91	19
17	Hildesheim	2829	308	291	99	62	3589	1738	172	97	2007	5596	550304	50690	600994	153	25
18	Lüneburg	1871	105	38	13	29	2056	895	40	32	967	3023	221623	14010	235633	108	14
19	Stade m. Aurich	793	33	19	6	22	873	54	16	9	79	952	75451	1020	76471	86	13
20	Minden m. Münster	1361	104	70	46	59	1640	367	41	47	455	2095	206016	6569	212585	126	14
21	Arnsberg	476	59	51	33	39	658	213	86	48	347	1005	73613	4966	78579	112	14
22	Kassel	8557	1045	764	240	119	10725	4612	1030	768	6410	17135	893366	124483	1017849	83	19
23	Wiesbaden	2969	509	399	168	55	4100	1650	457	139	2246	6346	226777	32360	259137	55	14
24	Koblenz	1356	216	223	155	74	2024	807	247	170	1224	3248	151580	24965	176545	75	20
25	Düsseldorf	372	45	58	22	29	526	106	22	14	142	668	55040	4981	60021	105	35
26	Köln	235	34	22	24	18	333	180	52	31	263	596	35257	5310	40567	106	20
27	Trier	1211	202	192	124	55	1784	773	217	68	1058	2842	162944	20030	182974	91	19
28	Aachen	550	95	86	94	107	932	323	123	104	550	1482	97443	16729	114172	105	30
	Zusammen:	67689	7088	5692	2990	2475	85934	48099	7896	5239	61234	147168	8118829	1698065	9816894	94	28

* Außerdem wurden in den durch Ankauf der Herrschaft Malepartus im Forstwirtschaftsjahre 1926 in Zugang gekommenen Oberförstereien 613 Arbeiter und 1082 Arbeiterinnen mit insgesamt 75312 Arbeitstagen beschäftigt. Der Nachweis erfolgt hier nur nachrichtlich, da die Verlohnung dieser Arbeiter nicht nach dem Tarifvertrag für die Arbeiter in den preußischen Staatsforsten erfolgte.

für das Forstwirtschaftsjahr und Rechnungsjahr 1926.

Arbeitsverdienst eines vollarbeitsfähigen männlichen Arbeiters — bei Zeitlohn: eines über 24 Jahre alten Arbeiters — für einen vollen Arbeitstag von 8 Stunden (ohne Familienzulagen, Haumeisterzulagen, Löhne für Urlaubs- und Lohnfortgewährungstage, und ohne Berücksichtigung der Versicherungs- und Erwerbslosenbeiträge)								Lohnfortgewährung für Urlaub und Feiertage sowie bei Werktagsarbeitsversäumnis in den im Tarifvertrag Anl. I §15 vorgesehenen Fällen, einschl. der Ergänzungszahlung für Krankheitstage (Urlaubs-, Lohnfortgewährungs- und Feiertage — U-, L- und F-Tage —)		Familienzulagen		Haumeisterzulagen	
im Sommer				im Winter				Gesamtsumme der gezahlten Löhne für U-, L- und F-Tage	Durchschnittsbetrag auf einen wirklich geleisteten Arbeitstag (Sp. 27:16)	im ganzen	Durchschnittsbetrag auf einen wirklich geleisteten Arbeitstag (Sp. 29:16)	im ganzen	Durchschnittsbetrag auf einen wirklich geleisteten Arbeitstag (Sp. 31:16)
bei Stücklohn		bei tarifmäßigem Zeitlohn		bei Stücklohn		bei tarifmäßigem Zeitlohn							
von	bis	von	bis	von	bis	von	bis						
RM	Pf	RM	Pf	RM	Pf	RM	Pf	RM	Pf	RM	Pf	RM	Pf
19	20	21	22	23	24	25	26	27	28	29	30	31	32
1 64	9 30	3 12	3 28	1 53	8 80	3 12	3 20	48958 54	. 11	323051 38	. 71	67985 16	. 15
1 96	6 81	3 12	3 28	1 96	8 67	3 12	3 12	55433 40	. 13	330298 47	. 75	66086 53	. 15
1 76	6 45	3 12	3 28	1 84	7 68	3 12	3 12	72806 14	. 10	495659 29	. 70	86538 25	. 12
2 40	8 40	3 12	3 28	2 19	8 40	3 12	3 12	62475 07	. 11	354603 89	. 64	79529 42	. 14
2 63	10 64	3 20	3 52	2 10	9 68	3 20	3 44	110035 06	. 13	487681 57	. 58	116358 74	. 14
2 59	11 23	3 12	3 36	2 40	11 90	3 12	3 28	126666 .	. 12	694397 94	. 67	148834 78	. 14
2 48	9 36	3 12	3 28	2 34	7 68	3 12	3 20	67196 58	. 13	368775 45	. 74	72007 61	. 14
2 20	6 64	3 12	3 28	1 92	8 72	3 12	3 12	44729 48	. 14	252411 06	. 80	45404 96	. 14
3 15	6 64	3 12	3 28	2 24	7 .	3 12	3 12	16596 60	. 14	97056 83	. 82	17666 98	. 15
2 64	9 50	3 12	3 44	1 44	10 35	3 12	3 36	65497 60	. 11	351148 11	. 61	73747 19	. 13
3 20	7 55	3 20	3 36	3 33	8 96	3 20	3 28	7587 93	. 04	151877 26	. 70	25356 36	. 12
2 48	7 32	3 12	3 52	1 65	7 60	3 12	3 44	35588 67	. 16	184641 26	. 61	30624 23	. 14
2 08	7 93	3 20	3 44	1 76	8 48	3 20	3 36	35446 30	. 12	190354 48	. 65	40911 62	. 14
3 .	9 84	3 28	3 52	2 08	10 44	3 28	3 44	35817 .	. 17	179165 71	. 83	41935 63	. 19
3 23	6 64	3 20	3 44	2 .	7 99	3 20	3 36	12591 06	. 11	118970 55	1 01	19726 46	. 17
2 96	6 40	3 28	3 44	1 60	8 32	3 28	3 36	19736 18	. 12	144800 76	. 86	26458 48	. 16
2 24	10 .	3 20	3 52	2 36	11 22	3 20	3 44	124110 52	. 21	479443 54	. 80	110533 43	. 18
2 40	8 24	3 20	3 36	2 10	8 24	3 20	3 28	34634 99	. 15	169216 14	. 72	34776 33	. 15
3 12	8 .	3 12	3 36	1 76	6 88	3 12	3 28	11597 81	. 15	67727 95	. 89	10885 49	. 14
3 04	7 12	3 36	3 52	1 68	7 12	3 36	3 44	42987 95	. 20	189600 31	. 89	33532 31	. 16
2 56	9 13	3 36	3 52	3 .	8 87	3 36	3 44	13616 88	. 17	66145 43	. 84	14777 13	. 19
2 48	8 16	3 20	3 52	1 76	9 84	3 20	3 44	101961 67	. 10	712718 71	. 70	145693 01	. 14
3 .	8 50	3 28	3 87	2 11	9 70	3 28	3 78	9207 18	. 04	168965 54	. 65	35450 35	. 14
2 50	6 88	3 36	3 87	2 24	9 52	3 36	3 78	8592 50	. 05	144116 35	. 82	25176 73	. 14
2 80	7 28	3 36	3 52	2 71	9 45	3 36	3 78	7266 72	. 12	42600 15	. 71	8642 43	. 14
3 50	7 96	3 70	3 87	3 19	9 .	3 70	3 78	10230 16	. 25	31134 11	. 77	7649 09	. 19
3 11	10 82	3 70	3 78	2 08	7 38	3 70	3 70	16065 30	. 09	131510 27	. 72	28273 56	. 15
3 60	8 96	3 70	3 78	1 85	6 75	3 70	3 70	17031 31	. 15	81970 66	. 72	18453 63	. 16
1 64	11 23	3 12	3 87	1 44	11 90	3 12	3 78	1214464 60	. 12	6960043 17	. 71	1433015 89	. 15

Anmerkung zu den Spalten 19 bis 26: In der Spalte „von" ist der niedrigste, in der Spalte „bis" der höchste Lohn angegeben, der in einer der Oberförstereien der Regierungsbezirke für einen achtstündigen Arbeitstag gezahlt worden ist. Die in manchen Fällen verdienten niedrigen Stücklöhne sind auf schwierige Arbeitsverhältnisse, z. B. Durchforstungen schwacher Stangenhölzer in ungünstigem Gelände und ungünstige Witterungsverhältnisse zurückzuführen. Andererseits haben sich unter günstigen Verhältnissen z. B. in Abtriebsschlägen stärkerer Bestände, auch recht hohe Löhne ergeben.

Zu Tafel 59.

Laufende Nummer	Regierungs-bezirk	Staatlicher Anteil an den Versicherungs- und Erwerbslosenbeiträgen				Besondere Vergünstigungen für die Arbeiter (außer der Bevorzugung bei der Ausgabe von Gras-, Leseholz- und Beerenzetteln und der Abgabe von Holz, Streu usw.)								Unfälle im Staatsforstbetriebe während d. abgelaufenen Forstwirtschaftsjahres		Gesamtausgaben für Unfälle		Freiwillige Unterstützungen für Waldarbeiter und deren Hinterbliebene	
		Gesamtsumme		Durchschnittsbetrag auf einen wirklich geleisteten Arbeitstag (Sp. 33 : 16)		Wohnungsfürsorge				Landverpachtung an Forstarbeiter										
						Zahl der an Arbeiter überlassenen Wohnungen	Durchschnittl. jährl. Nutzungsgeld für eine Wohnung	an wieviel Arbeiter?		Gesamtgröße der Äcker, Wiesen, Weiden und Gärten	Gesamtes Pachtgeld für die Fläche in Spalte 38		Durchschnittlicher Pachtpreis für 1 ha (Sp. 39 : 38)		im ganzen	darunter Todesfälle				
		ℛℳ	ℛ𝓅𝒻	ℛℳ	ℛ𝓅𝒻		ℛℳ			ha	ℛℳ		ℛℳ	ℛ𝓅𝒻			ℛℳ	ℛ𝓅𝒻	ℛℳ	ℛ𝓅𝒻
		33		34		35	36	37		38	39		40		41	42	43		44	
1	Königsberg m. Marienw.	86037	34	.	19	123	113	840		919	8815		9	59	67	.	34765	38	3720	68
2	Gumbinnen	88717	76	.	20	245	81	2140		2856	43474		15	22	65	.	26144	.	5723	.
3	Allenstein	169054	98	.	24	158	96	2135		2951	20174		6	84	130	2	33098	25	7337	.
4	Schneidemühl	112855	24	.	20	234	61	868		1351	11433		8	46	65	2	10147	23	4232	.
5	Potsdam	168199	54	.	20	153	108	900		634	6450		10	17	124	1	33334	10	4589	.
6	Frankfurt a. d. O.	219592	64	.	21	199	108	1606		1446	12293		8	50	107	2	38010	53	5093	.
7	Stettin	130338	86	.	26	115	85	633		665	7607		11	44	86	2	22863	08	2607	.
8	Köslin	64734	35	.	21	309	104	787		1180	8319		7	05	3	.	13329	90	1075	.
9	Stralsund	26374	15	.	22	79	54	151		266	3582		13	47	28	.	6882	34	592	18
10	Breslau m. Liegnitz	113947	11	.	20	39	113	624		437	6171		14	12	116	1	28263	72	2356	.
11	Oppeln	43927	82	.	20	18	98	1601		892	18639		20	90	38	1	25479	19	2395	.
12	Magdeburg	43011	30	.	19	21	159	752		363	5197		14	32	38	.	13911	85	930	.
13	Merseburg	57153	15	.	20	15	71	572		304	5560		18	29	36	.	13719	14	2267	.
14	Erfurt	55080	83	.	25	8	98	336		246	3483		14	16	48	2	19507	74	1150	.
15	Schleswig	27772	76	.	24	34	99	117		137	2472		18	04	46	.	14661	22	827	15
16	Hannover m. Osnabrück	36003	43	.	21	35	141	305		181	3792		20	95	49	1	23196	32	2111	.
17	Hildesheim	160906	25	.	27	76	114	1658		764	12101		15	84	71	.	33655	49	*4050	.
18	Lüneburg	51318	33	.	22	146	93	801		781	12793		16	38	56	2	13332	13	2694	.
19	Stade m. Aurich	15593	76	.	20	20	119	199		235	3950		16	81	9	.	4693	59	895	.
20	Minden m. Münster	48952	17	.	23	3	108	249		125	1983		15	86	49	.	12179	40	1200	.
21	Arnsberg	17043	80	.	22	11	125	149		180	1668		9	27	28	.	5886	85	800	.
22	Kassel	222650	02	.	22	9	94	1181		637	6910		10	85	476	2	71446	07	6855	.
23	Wiesbaden	69097	34	.	27	2	138	72		49	711		14	51	105	.	28560	88	2699	25
24	Koblenz	40828	50	.	23	.	.	84		65	529		8	14	31	1	6376	36	1416	.
25	Düsseldorf	12821	23	.	21	.	.	26		41	760		18	54	21	.	3900	98	445	.
26	Köln	9897	69	.	24	6	155	20		25	207		8	28	8	.	2383	20	400	.
27	Trier	42576	05	.	23	4	53	77		86	796		9	26	43	3	16879	11	2566	25
28	Aachen	23977	43	.	21	4	140	48		46	374		8	13	39	.	5847	07	922	.
	Zusammen:	2158463	83	.	22	2066	105	18931		17862	210243		11	77	1982	22	562455	12	71947	51

* Außerdem sind an die Harzer Forstarbeiter-Unterstützungskasse in Clausthal 42588 ℛℳ gezahlt worden.

Tafel 60.

Nachweisung der aus dem Forstbaufonds zu unterhaltenden Gebäude nach dem Stande vom 1. Oktober 1927.

———

54

Tafel

Laufende Nummer	Regierungs-bezirk	Planmäßige Stellen für			Dienstgehöfte oder Dienstwohnungen für							Es sind ohne Dienstwohnung		
		Ober-förster und Forst-verwalter	Revier-förster und Förster	Forst-sekretäre	Ober-förster und Forst-ver-walter	Revier-förster und Förster	Forst-sekre-täre	über-zählige Förster	Unter-förster	Hilfs-förster (usw.) und Forst-gehilfen	Meister / Wärter bei den Neben-betriebsanstalten		Ober-förster und Forst-ver-walter	Revier-förster und Förster	Forst-sekretäre
1	2	3	4	5	6	7	8	9	10	11	12	13	14	15	16
1	Königsberg m. Marienw.	23	144	23	23	144	17	18	.	21	2	.	.	.	6
2	Gumbinnen	22	143	22	22	143	20	19	.	19	.	.	.	.	2
3	Allenstein	35	205	35	35	204	31	.	1	38	.	.	.	1	4
4	Schneidemühl	22	130	22	22	129	20	9	1	12	.	1	.	1	2
5	Potsdam	46	260	47	46	260	42	40	.	18	.	.	.	.	5
6	Frankfurt a. d. O.	42	250	42	41	247	39	.	2	48	.	.	1	3	3
7	Stettin	25	136	25	25	136	23	21	1	11	2	.	.	.	2
8	Köslin	19	122	19	19	119	16	4	.	17	.	1	.	3	3
9	Stralsund	6	50	6	6	49	6	7	.	2	.	.	.	1	.
10	Breslau m. Liegnitz	18	132	18	18	127	15	20	3	9	.	.	.	5	3
11	Oppeln	18	115	18	17	115	14	23	4	17	2	1	1	.	4
12	Magdeburg	15	97	15	15	97	14	17	.	.	.	.	.	.	1
13	Merseburg	20	119	20	20	116	17	14	.	2	1	.	.	3	3
14	Erfurt	13	76	13	12	76	9	7	.	3	.	.	1	.	4
15	Schleswig	10	48	10	10	48	8	6	3	2	.	.	.	.	2
16	Hannover m. Osnabrück	15	83[1])	15	16[2])	77[3])	8	12	.	6	.	.	.	1	7
	außerdem klösterlich	12	38	12	11[4])	38[4])	10[4])	9[4])	.	2[4])	.	.	1[4])	.	2[4])
17	Hildesheim	39	184	39	39	180	34	18	.	6	.	.	.	4	5
18	Lüneburg	21	108	21	20	108	19	14	.	.	.	.	1	.	2
19	Stade m. Aurich	8	38	8	7	37	5	2	.	2	.	.	1	1	3
20	Minden m. Münster	12	68	12	11	66	9	6	2	1	.	.	1	2	3
21	Arnsberg	10	43	10	9	40[5])	6	1	.	2	.	.	1	2	4
22	Kassel	82	390	83	81	385	55	5	.	2	1	.	1	5	28
23	Wiesbaden	54	106	54	53	100[6])	31	3	3	.	.	.	1	6	23
24	Koblenz	12	80	12	11	75	9	1	.	1	.	.	1	5	3
25	Düsseldorf	4	40	4	3	38	3	4	.	.	.	.	1	2	1
26	Köln	4	28	4	4	27	4	2	.	.	.	.	.	1	.
27	Trier	12	75	12	12	73	5	.	.	5	.	.	.	2	7
28	Aachen	7	43	7	7	43	6	.	.	4	.	.	.	.	1
29	Sigmaringen	3	.	3	3	.	1	.	.	.	.	.	.	.	2
	Zusammen ohne Klosterkammer	617	3313	619	607	3259	486	273	20	248	8	3	11	48	133
	Außerdem klösterlich	12	38	12	11	38	10	9	.	2	.	.	1	.	2
	Insgesamt	629	3351	631	618	3297	496	282	20	250	8	3	12	48	135
	Offene Stellen	2	15	3	(Sp.33: +6)										
	Haushaltssumme	631	3366	634		3303									

60.

Dienstwohnungen für Forstoberrentmeister und Forstrentmeister	Waldarbeitergehöfte		Waldarbeiterherbergen	Mühlen		Samenbarren	Gasthäuser	Armenwohnungen	Sonstige vermietete oder mit Pachtgrundstücken verbundene		Ruinen	Aussichtstürme	Außerhalb der Forstgehöfte gelegene Gebäude zur Unterbringung von Kulturgeräten, Wildheu usw.	Sonstige Gebäude	Gebäude, zu deren Ausführung Darlehne oder Bauprämien aus Fonds der landwirtschaftl. oder Forstverwaltung gewährt worden sind	Bemerkungen
	Anzahl	Zahl der darin vorhandenen Wohnungen		vom Staate verwaltete	verpachtete				Wohnungen	zugehörige Wirtschaftsgebäude						
17	18	19	20	21	22	23	24	25	26	27	28	29	30	31	32	33
.	54	118	9	.	.	2	.	3	6	4	.	.	9	5	.	
2	126	279	.	.	.	.	1	.	4	5	.	.	30	4	16	
1	100	151	2	.	6	3	1	4	52	50	.	.	20	12	.	
.	112	235	7	.	.	2	3	2	29	22	.	.	13	7	8	
9	83	164	3	2	1	7	1	3	46	38	.	.	.	7	.	
4	112	201	.	.	.	.	1	5	24	6	2	.	35	4	.	
4	53	116	3	.	1	3	.	1	13	13	.	.	13	4	.	
.	163	320	.	.	4	.	1	1	40	42	.	.	10	5	.	
.	34	74	.	.	.	.	2	.	2	4	.	.	.	2	.	
1	30	49	.	.	.	3	4	1	3	6	3	3	10	5	.	
3	34	90	.	.	.	2	.	.	6	2	.	.	2	5	.	¹) Darunter 5 Förster der Verbandsoberförsterei Pyrmont.
1	16	29	.	.	.	1	8	.	10	2	6	1	7	1	.	²) Darunter das frühere Oberförstergehöft Dedensen, welches einem Forstassessor als Dienstwohnung überwiesen ist.
1	7	15	.	.	.	1	2	.	2	2	1	.	8	4	.	³) Außerdem sind für 5 Förster der Verbandsoberförsterei Pyrmont 5 Dienstwohnungen vorhanden, die nicht aus dem Forstbaufonds unterhalten werden.
.	4	5	.	.	.	.	2	.	1	6	3	.	4	1	.	
.	34	39	.	.	.	.	.	.	.	.	.	.	.	.	.	
.	26	34	.	.	.	.	1	.	13	1	1	.	.	1	.	
.	.	.	.	.	.	.	.	.	.	.	.	.	.	.	.	
4	38	78	56	.	5	1	2	.	11	3	9	.	76	7	.	⁴) Aus Fonds der Klosterkammer.
.	76	146	4	.	.	1	.	.	4	3	.	.	7	10	.	
.	11	19	2	.	.	.	.	.	4	.	.	.	2	1	11	
2	3	4	1	.	.	.	2	.	.	.	1	1	4	1	.	⁵) Außerdem 1 Förstergehöft, das aus Mitteln der Marken-Interessenten Bilden unterhalten wird.
1	11	11	4	.	.	.	.	.	12	11	.	.	1	.	.	
2	9	9	.	.	1	1	3	.	2	.	12	2	36	7	.	⁶) Darunter 1 Förstergehöft, dem Zentralstudienfonds gehörig.
1	1	1	1	.	.	.	.	.	4	4	1	.	13	1	.	
.	.	.	.	.	.	.	.	.	.	.	.	.	.	1	1	
1	.	.	1	.	.	.	.	.	.	.	.	.	2	.	5	
.	7	7	.	.	.	.	.	.	7	6	2	.	1	1	.	
.	3	3	5	.	.	.	.	1	.	.	3	.	77	.	.	
.	3	4	6	.	.	.	.	.	1	1	.	.	.	.	.	
.	.	.	.	.	.	.	.	.	.	.	.	.	.	.	.	
37	1150	2201	110	2	18	27	35	20	296	231	44	7	380	96	41	
.	.	.	.	.	.	.	.	.	.	.	.	.	.	.	.	
37	1150	2201	110	2	18	27	35	20	296	231	44	7	380	96	41	

MIX
Papier aus verantwortungsvollen Quellen
Paper from responsible sources
FSC® C105338

If you have any concerns about our products,
you can contact us on
ProductSafety@springernature.com

In case Publisher is established outside the EU,
the EU authorized representative is:
Springer Nature Customer Service Center GmbH
Europaplatz 3, 69115 Heidelberg, Germany

Printed by Libri Plureos GmbH
in Hamburg, Germany